甜菜登记品种名录

吴则东　邳　植　李胜男　阚文亮　白晓山　编

黑龙江大学出版社
HEILONGJIANG UNIVERSITY PRESS
哈尔滨

图书在版编目（CIP）数据

甜菜登记品种名录 / 吴则东等编 . -- 哈尔滨 ： 黑
龙江大学出版社，2023.12
ISBN 978-7-5686-0987-6

Ⅰ．①甜… Ⅱ．①吴… Ⅲ．①甜菜－品种－中国－名
录 Ⅳ．① S566.3-62

中国国家版本馆 CIP 数据核字（2023）第 101432 号

甜菜登记品种名录
TIANCAI DENGJI PINZHONG MINGLU

吴则东　邳　植　李胜男　阚文亮　白晓山　编

责任编辑　李　卉
出版发行　黑龙江大学出版社
地　　址　哈尔滨市南岗区学府三道街 36 号
印　　刷　天津创先河普业印刷有限公司
开　　本　787 毫米×1092 毫米　1/16
印　　张　10.5
字　　数　205 千
版　　次　2023 年 12 月第 1 版
印　　次　2023 年 12 月第 1 次印刷
书　　号　ISBN 978-7-5686-0987-6
定　　价　42.00 元

前　言

　　甜菜是我国重要的糖料作物,近年来我国甜菜的种植面积每年维持在 360 万亩(1 亩≈666.67 平方米)左右。我国每年的食糖需求大约是 1500 万吨,因此每年大约有 500 万吨的食糖需要进口。我国南方的甘蔗种植主要集中在广西以及云南,甘蔗由于机械化程度较低,同时人工成本较高,种植面积较为稳定,因此增产空间不大。而黑龙江、内蒙古以及新疆地域广阔,甜菜完全实现了机械化种植,种植前景广阔。甜菜产业顺利发展的前提是依据不同区域选择适应该区域的甜菜品种。

　　书中涉及根部和叶部的照片均为本书作者按照育种公司提供的种子在同一块试验田所拍摄,部分甜菜由于未在市场上销售或者属于最新登记品种,因此没有根部和叶部的照片。

　　为了规范非主要农作物品种管理,科学、公正、及时地登记非主要农作物品种,中华人民共和国农业农村部依据《中华人民共和国种子法》制定了《非主要农作物品种登记法》并于 2017 年 3 月 30 日发布。自该法 2017 年 5 月 1 日施行起至今,已经有 100 多个甜菜品种进行了登记。为了更好地指导农民选择适宜的甜菜品种,国家糖料产业技术体系"甜菜高品质品种改良"岗位对近年来登记的部分甜菜品种全部进行根腐病地的种植。我们将登记的甜菜品种进行搜集并整理成书,以期为农民朋友依据不同区域选择适宜的甜菜品种提供参考。

编者

2023 年 4 月 12 日

目　　录

品种名称：HI0936

登记编号：GPD 甜菜(2018)110028

作物种类：甜菜

申 请 者：先正达种苗(北京)有限公司

品种来源：MS-428× POLL-407

特征特性：标准型。叶丛直立，叶片犁铧形，叶片深绿色；块根圆锥形，根肉白色，根沟浅。耐根腐病，抗褐斑病、丛根病。2020 年呼兰病地根产量 2949 千克/亩，含糖率 9.2%。

栽培技术要点：适于直播精量点播，播种深度因地制宜，建议不超过 2.5 厘米，选择肥力较好的地块种植，采用直播或育苗栽培方式，每公顷保苗数 7.0 万株~9.0 万株。每公顷施用农家肥 15 吨，磷酸二铵 240 千克，追施氮肥时间不能晚于 8 片真叶期，N：P：K=1.0：1.0：0.5。实行三铲三蹚或机械中耕，苗期缺水时及时喷灌。适时早播，亩收获数不低于 5000 株；选择秋季深翻地，实行 5 年以上大区轮作。根据该品种特点，可采用机械化收获，且及时起收、堆放、保管。

适宜种植区域及季节：适宜在内蒙古、新疆种植；适宜 3 月上旬至 5 月上旬种植。

典型叶片

根部性状

品种名称：SS1532

登记编号：GPD 甜菜（2017）650002

作物种类：甜菜

申 请 者：石河子农业科学研究 新疆宏景农业科技发展有限公司

品种来源：MsFD4×SNH1-11

特征特性：标准型。出苗快，易保苗，前中期生长势强，整齐度好，株高中等，叶丛斜立，叶片犁铧形，绿色，光滑；块根楔形，皮亮色白，根冠小，根沟浅，根体光滑，易切削；工艺性状好。耐根腐病、丛根病，抗褐斑病、白粉病。2020 年呼兰病地根产量 3593 千克/亩，含糖率 8.5%。

栽培技术要点：选择地势平坦、土地疏松、地力肥沃、耕层较深、排灌方便或轻度盐碱化地上种植，避免重茬和迎茬；秋翻地时以农家肥和化肥配合施用为好，每公顷施农家肥（底肥）37 吨~45 吨，再根据土壤质地及肥力情况加一定比例的尿素、二铵、硫酸钾；播种时每公顷带种肥（三料磷肥）120 千克~150 千克；种子播种前用杀菌剂和杀虫剂处理；该品种叶丛斜立，适宜密植，每亩保苗数 6500 株~8000 株。

适宜种植区域及季节：适宜在新疆种植；适宜 3 月上旬至 4 月底种植。

典型叶片

根部性状

品种名称：BETA796

登记编号：GPD 甜菜（2017）110004

作物种类：甜菜

申　请　者：北京金色谷雨种业科技有限公司

品种来源：BTSMS94213×BTSP90127

特征特性：丰产型。叶丛斜立，叶片舌形，较窄，叶柄长，叶片绿色，叶面相对平滑；块根楔形，青头小，白色根皮，根肉白色，根沟浅；平均含糖率15.9%。耐根腐病、褐斑病，抗丛根病。2020年呼兰病地根产量3470千克/亩，含糖率8.8%。

栽培技术要点：一般每亩保苗数5500株~6000株，每亩最佳收获数4500株~6000株。一般每亩施肥应控制在10千克~12千克（以纯氮计）。适当增加磷肥和钾肥的施用可提高甜菜抗病力，并有利于提高含糖率。缺硼地区必须基施或喷施硼肥，否则将造成甜菜心腐病，严重影响产质量。甜菜轮作一般不应少于4年。生产田应土壤肥沃、持水性好，地形易于排涝。播种前用杀菌剂和杀虫剂拌种，防治苗期立枯病和虫害。适时进行田间管理。一般在1对真叶期疏苗，2对真叶期间苗，3对真叶期定苗，疏苗、定苗后应及时进行中耕锄草。全生长期应及时铲除田间杂草。应根据各地的气温变化情况适时晚收，以提高含糖率。

适宜种植区域及季节：适宜在新疆、内蒙古、甘肃、黑龙江、河北种植；适宜3月上旬至5月上旬种植。

典型叶片

根部性状

品种名称：BETA468

登记编号：GPD 甜菜（2017）110006

作物种类：甜菜

申 请 者：北京金色谷雨种业科技有限公司

品种来源：BTSMS92033× BTSP94321

特征特性：丰产型。根叶比例高，苗期发育快，生长势强，叶片功能期长，繁茂期叶片犁铧形，叶丛斜立，叶柄长短宽窄适中；块根圆锥形，根皮白净，根头较小，根沟较浅，根形整齐。抗根腐病、褐斑病，耐丛根病。2020 年呼兰病地根产量 3338 千克/亩，含糖率 9.8%。

栽培技术要点：适时早播，一次播种保全苗。适宜密植，每公顷保苗数应在 82500 株以上。适宜在中性或偏碱性土壤上种植，地势以平川或平岗地为宜。合理轮作，避免重茬、迎茬。施肥应注意氮肥、磷肥、钾肥合理搭配，有些地区还应注意微肥，特别是硼肥的施用。控制过量施用氮肥，常规情况下 6 月中旬后不再追施氮肥。根据各地的气温变化情况适时晚收，以提高含糖率。

适宜种植区域及季节：适宜在内蒙古、新疆、甘肃、黑龙江、河北种植；适宜 3 月上旬至 5 月上旬种植。

典型叶片

根部性状

品种名称：BETA176

登记编号：GPD 甜菜（2017）110007

作物种类：甜菜

申 请 者：北京金色谷雨种业科技有限公司

品种来源：BTSMS94897× BTSP92358

特征特性：丰产型、高糖型。根叶比例高，苗期发育快，生长势强，叶片功能期长，繁茂期叶片犁铧形，叶丛斜立，叶柄长短宽窄适中；块根圆锥形，根皮白净，根头较小，根沟较浅，根形整齐。感根腐病，抗褐斑病、丛根病。2020 年呼兰病地根产量 3437 千克/亩，含糖率 8.9%。

栽培技术要点：适时早播，争取一次播种保全苗。合理密植，每亩保苗数 5500 株以上。适宜在中性或偏碱性土壤上种植，地势以平川或平岗地为宜。应合理轮作，避免重茬、迎茬。施肥应注意氮肥、磷肥、钾肥的合理搭配，有些地区还应注意微肥，特别是硼肥的施用。控制过量施用氮肥，常规情况下 6 月中旬后不再追施氮肥。应根据各地的气温变化适时晚收，以提高含糖率。

适宜种植区域及季节：适宜在内蒙古、新疆、甘肃、黑龙江、河北种植；适宜 3 月上旬至 5 月上旬种植。

典型叶片

根部性状

品种名称：KUHN8060

登记编号：GPD甜菜（2018）230019

作物种类：甜菜

申 请 者：黑龙江北方种业有限公司

品种来源：KUHN MS5640×KUHN POL9978

特征特性：丰产型。单胚二倍体;幼苗期胚轴颜色为红色和绿色混合型,繁茂期叶片舌形,叶片浅绿色,叶丛半直立,株高48厘米~52厘米,叶柄较细,叶片数25片~30片;块根圆锥形,根头小,根沟浅,根皮白色,根肉浅黄色;结实密度2粒/厘米~3粒/厘米,种子千粒重10克~12克。抗根腐病、褐斑病。2020年呼兰病地根产量2273千克/亩,含糖率10%。

栽培技术要点：每公顷保苗数7.5万株,机械化直播以每公顷8万株为宜。以农家肥与化肥配合为好,一般每公顷施农家肥5吨（底肥以磷肥为主）,每公顷磷酸二铵用量250千克,每公顷纯氮应控制在150千克,推荐N∶P∶K比例为1∶1∶0.5,追施氮肥时间不能晚于8片真叶期。适时进行田间管理,确保土壤通气、透水,合理施用微肥,防除田间杂草。在叶丛期及块根膨大期,如遇干旱应及时喷灌。防治苗期立枯病和跳甲、象甲等苗期害虫,中后期着重防治甘蓝夜蛾和草地螟。适时防治褐斑病,确保高产、高糖。

适宜种植区域及季节：适宜在黑龙江（齐齐哈尔、佳木斯、绥化、黑河）、内蒙古、河北种植;适宜4月下旬至5月上旬种植。

典型叶片

根部性状

品种名称：KUHN1178

登记编号：GPD 甜菜（2018）230022

作物种类：甜菜

申 请 者：黑龙江北方种业有限公司

品种来源：KUHN MS 5335×KUHN POL 9933

特征特性：丰产型。单胚二倍体；幼苗期胚轴颜色为红绿色，叶片舌形，株高59厘米~65厘米，叶片中绿色，24~28片；块根圆锥形，根头小，根沟浅，根皮黄白色，根肉白色；采种株以多枝型为主，母本无花粉、父本花粉量大，结实密度20粒/10厘米~30粒/10厘米，种子千粒重12克~15克。抗根腐病、褐斑病。2020年呼兰病地根产量1619千克/亩，含糖率7.2%。

栽培技术要点：选择中上等肥力地块种植。采用机械直播或者纸筒育苗栽培方式，公顷保苗株数7万株~8.5万株。以农家肥和化肥配合使用为好，严格控制过量施用氮肥。N∶P∶K比例应在1∶1∶0.5，底肥以磷肥为主，每公顷磷酸二铵用量为250千克，前期应叶面喷施微肥，追施氮肥不能晚于8片真叶期。适时进行田间管理，确保土壤通气、透水，合理施用微肥，防除田间杂草。选用杀菌剂和杀虫剂拌种，防治苗期立枯病和跳甲、象甲等苗期害虫，中后期着重防治甘蓝夜蛾和草地螟。适时防治褐斑病，确保高产、高糖。

适宜种植区域及季节：适宜在黑龙江（哈尔滨、齐齐哈尔、黑河）、内蒙古种植；适宜4月下旬至5月上旬种植。

典型叶片

根部性状

品种名称：KUHN9046

登记编号：GPD 甜菜（2018）230023

作物种类：甜菜

申 请 者：黑龙江北方种业有限公司

品种来源：KUHN MS5630×KUHN POL9969

特征特性：标准型。单胚二倍体；幼苗期胚轴颜色为红色，繁茂期叶片舌形，叶片深绿色，叶丛半直立，株高 55 厘米~58 厘米，叶柄粗，叶片数 26 片~28 片；块根圆锥形，根头小，根沟浅，根皮白色，根肉浅黄色；采种株以多枝型为主，花粉量大，结实密度 20 粒/10 厘米~30 粒/10 厘米，种子千粒重 10 克~12 克。抗根腐病、褐斑病。2020 年呼兰病地根产量 1896 千克/亩，含糖率 9.6%。

栽培技术要点：该品种可在适应区机械或人工播种，选择中等以上肥力地块种植，采用密植栽培方式，每公顷保苗数 7.0 万株~7.5 万株。以农家肥与化肥配合使用为好，一般每公顷施农家肥 5 吨（底肥以磷肥为主）、磷酸二铵 250 千克，每亩纯氮应控制在 150 千克，推荐 N∶P∶K 比例为 1∶1∶0.5，追施氮肥时间不能晚于 8 片真叶期。适时进行田间管理，确保土壤通气、透水，合理施用微肥，防除田间杂草。在叶丛期及块根膨大期干旱条件下应及时喷灌。防治苗期立枯病和跳甲、象甲等苗期害虫，中后期着重防治甘蓝夜蛾和草地螟。适时防治褐斑病，确保高产、高糖。合理密植能更好发挥产质量潜力。

适宜种植区域及季节：适宜在黑龙江（哈尔滨、齐齐哈尔、佳木斯、牡丹江、黑河）、内蒙古、辽宁种植；适宜 4 月下旬至 5 月上旬种植。

典型叶片

根部性状

品种名称:SV1375

登记编号:GPD 甜菜(2018)110013

作物种类:甜菜

申请者:荷兰安地国际有限公司北京代表处

品种来源:M5675× POL9923

特征特性:高糖型。杂交品种;发芽势强,出苗快,苗期生长势强,叶片功能期长,叶丛半直立,叶片舌形;根冠比例协调,株型紧凑,适宜密植;块根圆锥形,根头小,根形整齐,根沟浅,根皮光滑。耐根腐病、褐斑病,抗丛根病。2020 年呼兰病地根产量 2753 千克/亩,含糖率 10.2%。

栽培技术要点:该品种适合机械化精量点播,适时早播,每亩保苗数应在 6000 株以上。应注意氮肥、磷肥、钾肥搭配施用,避免氮肥过量施用,杜绝大水大肥。合理轮作,多施磷肥、钾肥,适当控制灌水次数。作物生长期应及时防治虫害、草害和病害。

适宜种植区域及季节:适宜在新疆种植;适宜 3 月下旬至 5 月上旬种植。

典型叶片

根部性状

品种名称:HX910

登记编号：GPD 甜菜（2018）110006

作物种类：甜菜

申 请 者：荷兰安地国际有限公司北京代表处

品种来源：SVDH MS2532× SVDH POL4889

特征特性：标准型。二倍体遗传单胚型雄性不育甜菜杂交品种；出苗快，苗期生长势强，叶丛半直立；块根楔形，根头小，根沟浅，根皮光滑。抗根腐病，耐褐斑病、丛根病。2020 年呼兰病地根产量 2694 千克/亩，含糖率 9%。

栽培技术要点：单粒播种，每亩保苗数 5500 株~6000 株。避免重茬、迎茬种植，实行 4 年以上的轮作，秋季深翻地。适量施用氮肥，多施磷肥、钾肥，适当控制灌水次数。防治跳甲、象甲等苗期害虫，着重防治甘蓝夜蛾。

适宜种植区域及季节：适宜在新疆种植；适宜 3 月下旬至 5 月上旬种植。

典型叶片

根部性状

品种名称：H003

登记编号：GPD 甜菜（2018）230030

作物种类：甜菜

申请者：北大荒垦丰种业股份有限公司

品种来源：SVDH MS 2543×SVDH POL 4779

特征特性：标准型。单胚品种；幼苗期胚轴颜色为绿色，繁茂期叶片舌形，叶片深绿色，叶丛半直立，株高 54 厘米~58 厘米，叶柄长短适中，叶片数 40 片~43 片；块根圆锥形，青头小，根沟浅，根皮白色，根肉浅黄色；采种株以多枝型为主，花粉量大，结实密度 20 粒/10 厘米~23 粒/10 厘米，种子千粒重 10 克~11 克。耐根腐病、丛根病，抗褐斑病。2020 年呼兰病地根产量 2851 千克/亩，含糖率 9.7%。

栽培技术要点：该品种适合机械化精量点播和纸筒育苗移栽，一般每亩保苗数应在 5000 株~5500 株。适合于气吸式播种机单粒直播，播深不超过 3 厘米；适时育苗。实行 5 年以上的大区轮作，秋季深翻地。一般每亩纯氮应控制在 8 千克~9 千克，追施氮肥不能晚于 8 片真叶期。播种后，在叶丛期及块根膨大期缺水条件下有条件地块应及时喷灌。实行三铲三蹚或机械中耕。选用杀菌剂或杀虫剂拌种，防治苗期立枯病和跳甲、象甲等苗期害虫，中后期着重防治第一、二代甘蓝夜蛾。适时防治褐斑病，确保高产、高糖。随起收，随切削，随拉运，随储存。

适宜种植区域及季节：适宜在黑龙江（哈尔滨、绥化、齐齐哈尔、佳木斯、黑河）种植；适宜 4 月下旬至 5 月上旬种植。

典型叶片

根部性状

品种名称：LS1210

登记编号：GPD 甜菜（2018）150018

作物种类：甜菜

申 请 者：内蒙古景琪种子科技有限公司

品种来源：1FC607×RM9920

特征特性：丰产型。单粒种；幼苗生长旺盛，叶柄长，叶片犁铧形，叶片绿色，植株叶丛直立、紧凑，功能叶片寿命长，性状稳定，利于通风透光，适宜密植；前期块根增长快，产量突出，产糖量高，对土壤肥力及环境条件要求不严，适应性广；块根楔形，根头小，根沟浅，根肉白色。抗根腐病、丛根病，耐褐斑病。2020 年呼兰病地根产量 1614 千克/亩，含糖率8%。

栽培技术要点：每亩保苗数 5000 株~6000 株。以秋施肥起垄为主，每公顷施肥量为 500 千克~600 千克，每亩纯氮应控制在 8 千克，N：P_2O_5：K_2O 为 1.2：1：0.4，追施氮肥时间不能晚于 8 片真叶期。适当增加磷肥和钾肥，以提高甜菜抗病力并提高含糖率。缺硼地区必须配合基施或喷施硼肥。实行三铲三蹚（机械中耕），确保土壤通气、透水，防治苗期立枯病以及跳甲等害虫，中后期着重防治甘蓝夜蛾和草地螟，适时防治褐斑病。根据气温变化适时晚收，以提高含糖率。

适宜种植区域及季节：适宜在内蒙古种植；适宜 4 月上旬至 5 月上旬种植。

典型叶片

根部性状

品种名称：LS1321

登记编号：GPD 甜菜（2018）230017

作物种类：甜菜

申 请 者：哈尔滨东北丰种子有限公司

品种来源：RZM.899.21× F1DM90.78

特征特性：标准型。单粒种；叶片绿色，叶片犁铧形，出苗快，保苗率高，生长势强，整齐度高，生长期约180天；块根圆锥形，根体光滑，根沟浅，根头小，根肉白色。耐根腐病、褐斑病、丛根病。2020年呼兰病地根产量1760千克/亩，含糖率8.6%。

栽培技术要点：该品种叶丛直立，适宜密植，每亩保苗数6500株~8000株。种子播种前用杀虫剂和杀菌剂处理。选择在地势平坦、土地疏松、地力肥沃、耕层较深的地块种植，避免重茬和迎茬。依据具体条件，生育期每亩总氮不超过12千克、五氧化二磷10千克、氯化钾6千克。整个生育期应及时除草，做好苗期虫害防治以及中后期的叶部病害防治。

适宜种植区域及季节：适宜在新疆种植；适宜3月上旬至4月底种植。

典型叶片

根部性状

品种名称：RIVAL

登记编号：GPD 甜菜（2018）110036

作物种类：甜菜

申　请　者：荷兰安地国际有限公司北京代表处

品种来源：TM6102×TD6202

特征特性：标准型（N）。苗期生长旺盛，发芽势强，出苗快而整齐，利于苗全苗壮，叶丛直立，生长中期叶丛繁茂，叶片心形，中等大小，叶柄较短，叶片功能期长；块根圆锥形，根皮及根肉均呈白色，青头较小，根沟浅。耐根腐病、褐斑病、丛根病。2020 年呼兰病地根产量 3202 千克/亩，含糖率 10.6%。

栽培技术要点：根据土壤及气候的具体条件，一般育苗移栽每亩保苗数 5500 株，机械化直播以每亩保苗数 6000 株为宜。以农家肥与化肥配合使用为好，适量增施镁元素和硼、锌等微量元素。化肥以底肥、种肥、追肥分期施入，追施氮肥时间不能晚于 8 片真叶期。一般应 5 年以上轮作，生产田应秋季深翻，确保土壤肥沃、持水性好，地形应易于排涝。

适宜种植区域及季节：适宜在内蒙古、新疆种植；适宜 3 月上旬至 5 月上旬种植。

典型叶片

根部性状

品种名称:GGR1609

登记编号:GPD 甜菜(2018)110031

作物种类:甜菜

申　请　者:北京金色谷雨种业科技有限公司

品种来源:1DM905×SI.09.05

特征特性:标准型。单胚品种;幼苗期胚轴颜色为绿色,繁茂期叶片犁铧形,叶片绿色,叶丛斜立,株高约55厘米,叶柄长短适中,叶片约30片;块根圆锥形,根头小,根沟浅,根皮白色,根肉白色。抗根腐病、褐斑病、丛根病。2020年呼兰病地根产量1904千克/亩,含糖率9%。

栽培技术要点:适用纸筒育苗或机械化精量直播的栽培方式种植,选择中上等土壤肥力地块,每公顷保苗数7万株~9万株。以秋施肥起垄为主,每公顷施肥量为500千克~600千克,每亩纯氮应控制在8千克,N∶P∶K比例为1.2∶1∶0.4,追施氮肥时间不能晚于8片真叶期。实行三铲三蹚(机械中耕),确保土壤通气、透水,防治苗期立枯病以及跳甲等害虫,中后期着重防治甘蓝夜蛾和草地螟,适时防治褐斑病。根据气温变化适时晚收,以提高含糖率。

适宜种植区域及季节:适宜在新疆、甘肃、内蒙古、河北、黑龙江、吉林、山西种植;适宜3月上旬至5月上旬种植。

典型叶片

根部性状

品种名称：Flores

登记编号：GPD 甜菜（2018）110038

作物种类：甜菜

申 请 者：中国种子集团有限公司

品种来源：M-020×P2-07

特征特性：高糖型。二倍体遗传单粒品种；叶直立，叶柄长短适中，叶片舌形，叶片绿色；块根圆锥形，根肉白色，根沟浅。抗根腐病、褐斑病、丛根病。2020 年呼兰病地根产量3020 千克/亩，含糖率 11.6%。

栽培技术要点：根据土壤及气候的具体条件，一般每亩保苗数应在 6000 株左右，每亩最佳收获株数应在 5000 株~5500 株。依据具体田间条件确定施肥量，一般每亩施肥应控制在 10 千克~12 千克（以纯氮计），追施氮肥不应晚于 8 片真叶期。氮肥、磷肥、钾肥合理配合使用，适当增加磷肥和钾肥的使用可提高甜菜的抗病力，并有利于提高含糖率。缺硼地区必须配合基施或喷施硼肥，防治甜菜根腐病，以提高产量与品质。应 4 年以上轮作，生产田应土壤肥沃、持水性好，地形应易于排涝。播种前用杀菌剂和杀虫剂拌种，防治苗期立枯病和虫害。全生育期应及时铲除田间杂草，杜绝草荒欺苗现象。七、八月份重视叶部病虫害防治，适时喷洒农药。在湿润年份或地区应特别注意褐斑病防治，确保高产、高糖。

适宜种植区域及季节：适宜在新疆种植；适宜 3 月上旬至 4 月底种植。

典型叶片

根部性状

品种名称:MK4062

登记编号:GPD 甜菜(2018)110043

作物种类:甜菜

申 请 者:荷兰安地国际有限公司北京代表处

品种来源:KUHN MS5378×KUHN POL9958

特征特性:标准型。二倍体遗传单胚雄性不育品种;发芽势强,出苗快,苗期生长势强,叶片功能期长,叶丛半直立,叶片舌形;根冠比例协调,株型紧凑,适合密植;块根圆锥形,根头小,根沟浅,根皮光滑,皮质细腻。耐根腐病、褐斑病,抗丛根病。2020年呼兰病地根产量3091千克/亩,含糖率9.5%。

栽培技术要点:适宜密植,每亩保苗数6500株～8000株。选择在地势平坦、土地疏松、地力肥沃、耕层较深的地块种植,避免重茬和迎茬。依据具体条件,生育期每亩总氮不超过15千克、五氧化二磷10千克、氧化钾6千克。整个生育期应及时除草,做好苗期虫害防治以及中后期的叶部病害防治。

适宜种植区域及季节:适宜在黑龙江、内蒙古和新疆种植;适宜3月上旬至5月上旬种植。

典型叶片

根部性状

品种名称:H004

登记编号:GPD 甜菜(2018)230054

作物种类:甜菜

申 请 者:北大荒垦丰种业股份有限公司

品种来源:SVDH MS 2555×SVDH POL 4883

特征特性:标准型。二倍体单胚品种;幼苗期胚轴颜色为红色绿色混合;繁茂期叶片舌形,叶片深绿色,叶丛半直立,株高 55 厘米~60 厘米,叶柄长 25 厘米~28 厘米,叶片 38 片~41 片;块根圆锥形,根头小,根沟浅,根皮白色,根肉浅黄色;采种株以多枝型为主,花粉量大,结实密度 18 粒/10 厘米~20 粒/10 厘米,种子千粒重 9 克~11 克。抗褐斑病、丛根病,耐根腐病。2020 年呼兰病地根产量 1955 千克/亩,含糖率 7.8%。

栽培技术要点:适合于机械化精量点播和纸筒育苗移栽,根据土壤和气候的具体情况而定,一般每亩保苗数应在 5000 株~5500 株。适合于气吸式播种机单粒直播,播深不超过 3 厘米,适时育苗。实行 5 年以上的大区轮作,秋季深翻地,严禁在重茬及有残留性农药地块种植。秋起垄夹肥为主。播种后,在叶丛期及块根膨大期缺水条件下有条件地块应及时喷灌。实行三铲三蹚或机械中耕,化学除草,确保土壤通气、透水。防治苗期立枯病和跳甲、象甲等苗期害虫,中后期着重防治第一、二代甘蓝夜蛾。随起收,随切削,随拉运,随储存。

适宜种植区域及季节:适宜在黑龙江、内蒙古、新疆、河北、山西种植;适宜 4 月下旬至 5 月上旬种植,10 月上旬霜冻前收获。

典型叶片

根部性状

品种名称：LS1216

登记编号：GPD 甜菜（2018）620048

作物种类：甜菜

申 请 者：张掖市金宇种业有限责任公司

品种来源：1FC700×SI.9921

特征特性：丰产型。单粒二倍体；出苗快，保苗率高，生长势强，整齐度高，株高50厘米~60厘米，叶柄长短适中，叶片犁铧形，叶片深绿色，叶丛紧凑；块根圆锥形，根体较光滑，根沟浅，根头小，根皮白色，根肉白色，从播种到收获170天左右。耐根腐病，抗褐斑病、丛根病。2020年呼兰病地根产量1568千克/亩，含糖率7.7%。

栽培技术要点：播种前每亩施有机肥4000千克、尿素20千克、磷酸二铵30千克、硫酸钾15千克，结合整地翻入土中作为基肥，浇头水前2天~3天，结合开沟培土，每亩施甜菜专用肥75千克。地膜选择厚度0.008毫米以上、幅宽120厘米的黑膜，种植前采用人工覆膜或机械覆膜，膜间距35~40厘米，要求膜面拉紧、平整，播行笔直，膜中央每隔5米压一条土线以防大风揭膜。适时播种，每亩保苗数6000株~7500株（0.15千克~0.30千克）。在甜菜生长前期如雨水过多或田内湿度过大易发生褐斑病，可采取勤中耕松土的方法预防，在甜菜封垄后可采取药剂防治，每亩用甲基托布津100克加多菌灵50克兑水30千克喷洒。

适宜种植区域及季节：适宜在甘肃种植；适宜3月上旬至4月上旬种植。

典型叶片

根部性状

品种名称：SX181

登记编号：GPD 甜菜（2018）110045

作物种类：甜菜

申请者：金扬浦（北京）农业科技有限公司

品种来源：SVDH MS2388×SVDH POL2329

特征特性：标准型。发芽势强，出苗快而整齐，苗期生长旺盛，叶丛半直立，生长中期叶丛繁茂，叶片舌形，中等大小，叶柄较短，叶片功能期长；块根圆锥形，根皮及根肉均呈白色，青头较小，根沟浅。耐根腐病、褐斑病，抗丛根病。2020 年呼兰病地根产量 2712 千克/亩，含糖率9%。

栽培技术要点：根据土壤及气候的具体条件，一般育苗移栽每亩保苗数 5500 株，机械化直播以每亩保苗数 6000 株为宜，每亩最佳收获数应不低于 5000 株。以农家肥与化肥配合使用为好，每公顷施氮肥、磷肥、钾肥 450 千克以上，推荐 N：P：K 比例为 1：（1~1.2）：0.6，适量增施镁元素和硼、锌等微量元素。化肥以底肥、种肥、追肥分期施入，追施氮肥时间不能晚于 8 片真叶期。

适宜种植区域及季节：适宜在新疆、内蒙古和黑龙江种植；适宜 3 月上旬至 5 月上旬种植。

典型叶片

根部性状

品种名称:KUHN1001

登记编号:GPD 甜菜(2018)110059

作物种类:甜菜

申 请 者:荷兰安地国际有限公司北京代表处

品种来源:KUHN MS0348×KUHN POL1129

特征特性:标准型。二倍体遗传单胚雄性不育品种;苗期生长势强,叶丛半直立;块根楔形,根头小,根沟浅,根皮光滑。2020年呼兰病地根产量2674千克/亩,含糖率9.3%。

栽培技术要点:该品种适宜密植,每亩保苗数6500株~8000株。种子播种前用杀虫剂和杀菌剂处理。选择地势平坦、土地疏松、地力肥沃、耕层较深的地块种植,避免重茬和迎茬。依据具体条件,每亩生育期总氮不超过15千克、五氧化二磷10千克、氧化钾6千克。整个生育期应及时除草,做好苗期虫害防治以及中后期的叶部病害防治。

适宜种植区域及季节:适宜在黑龙江、新疆和内蒙古种植;适宜3月下旬至5月上旬种植。

典型叶片

根部性状

品种名称：MA10-6

登记编号：GPD 甜菜（2018）110060

作物种类：甜菜

申　请　者：中国种子集团有限公司

品种来源：M-023×P2-31

特征特性：丰产型。叶丛半直立,叶片心形,叶片中绿色;块根圆锥形,根皮白色,根肉白色,根沟浅,根头较大。抗根腐病、褐斑病、丛根病。2020 年呼兰病地根产量 3874 千克/亩,含糖率 12.9%。

栽培技术要点：适合机械化精量点播和纸筒育苗移栽,根据土壤和气候具体情况而定,每公顷保苗数 7.5 万株,机械化直播以每公顷 8 万株为宜,适合气吸式播种机单粒直播。适时育苗,严格控制棚内温度,及时通风,确保苗齐苗壮,防止徒长。实行 4 年以上的大区轮作,秋季深翻地,严禁在重茬及有残留性农药地块种植。多施厩肥、堆肥或绿肥,严格控制过量施用氮肥。注意 N∶P∶K 比例应在 1∶1∶0.5,前期应叶面喷施微肥,追施氮肥不能晚于 8 片真叶期。播种后、块根膨大期缺水条件下应及时喷灌,避免过多灌水和漫灌。中耕除草,适时进行田间管理,确保土壤通气、透水,及时化学除草。选用杀菌剂或杀虫剂拌种,防治苗期立枯病和跳甲、象甲等苗期害虫,中后期着重防治甘蓝夜蛾和草地螟。适时防治褐斑病,确保高产。

适宜种植区域及季节：适宜在新疆种植;适宜 4 月上、中旬种植。

典型叶片

根部性状

品种名称：MA11-8

登记编号：GPD甜菜（2018）110061

作物种类：甜菜

申 请 者：中国种子集团有限公司

品种来源：M-02×P2-32

特征特性：丰产型、高糖型。叶丛直立，叶片舌形，叶片中绿色；块根圆锥形，根皮白色，根肉白色，根沟浅，根头较大。抗根腐病、褐斑病、丛根病。2020年呼兰病地根产量3071千克/亩，含糖率9.7%。

栽培技术要点：适合机械化精量点播和纸筒育苗移栽，根据土壤和气候具体情况而定，每公顷保苗数7.5万株，机械化直播以每公顷8万株为宜。适合气吸式播种机单粒直播。适时育苗，严格控制棚内温度，及时通风，确保苗齐苗壮，防止徒长。实行4年以上的大区轮作，秋季深翻地，严禁在重茬及有残留性农药地块种植。多施厩肥、堆肥或绿肥，严格控制过量施用氮肥。注意N：P：K比例应在1：1：0.5，前期应叶面喷施微肥，追施氮肥不能晚于8片真叶期。播种后、块根膨大期缺水条件下应及时喷灌，避免过多灌水和漫灌。中耕除草，适时进行田间管理，确保土壤通气、透水，及时化学除草。选用杀菌剂或杀虫剂拌种，防治苗期立枯病和跳甲、象甲等苗期害虫，中后期着重防治甘蓝夜蛾和草地螟。适时防治褐斑病，确保高产。

适宜种植区域及季节：适宜在新疆种植；适宜4月上、中旬种植。

典型叶片

根部性状

品种名称：LS1318

登记编号：GPD甜菜（2018）150082

作物种类：甜菜

申 请 者：内蒙古景琪种子科技有限公司

品种来源：SI.55.92×1FCDM7

特征特性：丰产型。单粒杂交种；叶丛直立，叶片犁铧形，叶片绿色；块根楔形，根皮白色，根肉白色，根沟浅，根头小；性状稳定，生长期约180天，适应性广。耐根腐病、褐斑病，抗丛根病。2020年呼兰病地根产量1586千克/亩，含糖率7.1%。

栽培技术要点：每亩保苗数5000株~6000株。以秋施肥起垄为主，每公顷施肥量为500千克~600千克，每亩纯氮应控制在8千克，N：P_2O_5：K_2O比例为1.2：1：0.4，追施氮肥时间不能晚于8片真叶期。适当增加磷肥和钾肥，以提高甜菜抗病力并提高含糖率。缺硼地区必须配合基施或喷施硼肥。实行三铲三蹚（机械中耕），确保土壤通气、透水，根据气温变化适时晚收，以提高含糖率。

适宜种植区域及季节：适宜在内蒙古种植；适宜4月上旬至5月上旬种植。

典型叶片

根部性状

品种名称：LN80891

登记编号：GPD 甜菜（2018）110068

作物种类：甜菜

申 请 者：北京九圣禾农业科学研究院有限公司

品种来源：1F17D78.1×RMSF1

特征特性：丰产型。幼苗生长势强，叶柄长，叶片舌形，叶片深绿色，叶丛直立紧凑，性状稳定，利于通风透光，适宜密植；块根圆锥形，根头小，根沟浅，根肉白色。耐根腐病、褐斑病，抗丛根病。2020 年呼兰病地根产量 768 千克/亩，含糖率 6.9%。

栽培技术要点：选择在地势平坦、土壤疏松、地力肥沃、耕层较深的地块栽植，避免重茬和迎茬。适宜密植，一般每亩保苗数 5500 株~6500 株，每亩收获数不低于 5000 株。全生育期每亩总氮不超过 15 千克、磷肥 10 千克、氯化钾 6 千克。整个生育期应及时除草，做好苗期虫害防治以及中后期的叶部病害防治。

适宜种植区域及季节：适宜在新疆种植；适宜 3 月上旬至 4 月底种植。

典型叶片

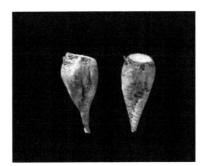

根部性状

品种名称：SV1434

登记编号：GPD 甜菜（2018）110077

作物种类：甜菜

申 请 者：荷兰安地国际有限公司北京代表处

品种来源：SVDH MS2558×SVDH POL4884

特征特性：标准型。二倍体遗传单胚雄性不育品种；苗期生长旺盛，发芽势强，出苗快而整齐，叶片功能期长，叶丛半直立，叶片舌形；根冠比例协调，株型紧凑，适合密植；块根楔形，根头小，根沟浅，根皮光滑。第 1 生长周期含糖率 15.3%，比对照 TY309 高 0.2%；第 2 生长周期含糖率 15.7%，比对照 TY309 低 0.3%。抗根腐病，耐褐斑病、丛根病。2020 年呼兰病地根产量 3366 千克/亩，含糖率 10.7%。

栽培技术要点：秋季深翻地，5 年以上轮作。纸筒移栽每亩保苗数 5500 株，机械化直播亩保苗数 6000 株。以农家肥与化肥配合使用为好，每公顷施农家肥 15 吨以上，化肥氮肥、磷肥、钾肥 450 千克，根据不同区域 N：P：K 比例为 1：（0.8～1.2）：0.6，适量增施硼、锌等微量元素。化肥以底肥、种肥、追肥分期施入，追肥以磷肥、钾肥为主，时间不能晚于 8 片真叶期。

适宜种植区域及季节：适宜在新疆、内蒙古、黑龙江种植；适宜 3 月上旬至 5 月上旬种植。

典型叶片

根部性状

品种名称：KWS1231

登记编号：GPD 甜菜（2018）110070

作物种类：甜菜

申　请　者：北京科沃施农业技术有限公司

品种来源：KWSMS9653×KWSP9150

特征特性：丰产型。苗期发育快,生长势强,叶丛半直立,功能叶片寿命长,繁茂期叶片舌形,叶柄长短适中;块根楔形,根肉白色,根沟浅,根形整齐。耐根腐病、褐斑病,抗丛根病。2020 年呼兰病地根产量 2670 千克/亩,含糖率10%。

栽培技术要点：适宜在中性或略偏碱性的土壤上种植,地势以平川地为宜。根据各地降雨量、气温变化、土壤温度及墒情,适时早播,争取一次播种保全苗。适宜密植,建议栽培密度为每亩保苗数不低于 6000 株。施肥时应注意氮肥、磷肥和钾肥的合理搭配,有些地区还要注意施用微肥,尤其是硼肥。应该根据各地的气温变化适时晚收,以提高含糖率。

适宜种植区域及季节：适宜在内蒙古、河北、黑龙江、甘肃和新疆种植;适宜 3 月上旬至 5 月上旬种植。

典型叶片

根部性状

品种名称：BTS2730

登记编号：GPD 甜菜（2018）110063

作物种类：甜菜

申 请 者：北京金色谷雨种业科技有限公司

品种来源：675JF17×085S_11

特征特性：丰产型。根叶比例高,苗期发育快,生长势强,叶片功能期长,繁茂期叶片舌形,叶丛直立,叶柄宽窄长短适中;块根圆锥形,根皮白净,根冠部较小,块根品质高,根沟浅、带泥土少,根形整齐、良好。耐根腐病、褐斑病,抗丛根病。2020 年呼兰病地根产量 4859 千克/亩,含糖率 9.3%。

栽培技术要点:适时早播、争取一次播种保全苗。种植密度以每亩保苗数 5000 株~5500 株为宜。在合理密植的情况下,才能更好地发挥其产量潜力。适宜在中性或偏碱性土壤上种植,地势以平川或平岗地为宜。在生产中应制定合理的轮作制度,确保轮作年限,避免重茬、迎茬。在下一年种植甜菜的地块,应于本年秋季进行深翻、深松,并结合整地,深施有机肥、二铵等,确保土壤疏松、土质肥沃。应注意氮肥、磷肥、钾肥的合理搭配,有些地区还应注意微肥,特别是硼肥的施用。控制过量施用氮肥,常规情况下 6 月中旬后不再追施氮肥。适时进行田间管理,一般在 1 对真叶期疏苗,2 对真叶期间苗,3 对真叶期定苗,疏、定苗后应及时进行中耕锄草。生长期应及时控制、防治虫害、草害和病害。根据各地的气温变化情况适时晚收,以提高含糖率。

适宜种植区域及季节:适宜在内蒙古、新疆、甘肃、黑龙江、河北、吉林、山西种植;适宜 3 月上旬至 5 月上旬种植。

典型叶片

根部性状

品种名称：BTS5950

登记编号：GPD 甜菜（2018）110064

作物种类：甜菜

申 请 者：北京金色谷雨种业科技有限公司

品种来源：716BJ48×215PN10

特征特性：丰产型。根叶比例高，苗期发育快，生长势强，叶片功能期长，繁茂期叶片舌形，叶丛直立，叶柄宽窄长短适中；块根圆锥形，根皮白净，根冠部较小，块根品质高，根沟浅、带泥土少，根形整齐、良好。耐根腐病、褐斑病，抗丛根病。2020年呼兰病地根产量2962千克/亩，含糖率8.9%。

栽培技术要点：适时早播，争取一次播种保全苗。种植密度以每亩保苗数5000株～5500株为宜。在合理密植的情况下，才能更好地发挥其产量潜力。适宜在中性或偏碱性土壤上种植。地势以平川或平岗地为宜。在生产中应制定合理的轮作制度，确保轮作年限，避免重茬、迎茬。在下一年种植甜菜的地块，应于本年秋季进行深翻、深松，并结合整地，深施有机肥、二铵等，确保土壤疏松、土质肥沃。应注意氮肥、磷肥、钾肥的合理搭配，有些地区还应注意微肥，特别是硼肥的施用。控制过量施用氮肥，常规情况下6月中旬后不再追施氮肥。适时进行田间管理，一般在1对真叶期疏苗，2对真叶期间苗，3对真叶期定苗，疏、定苗后应及时进行中耕锄草。生长期应及时控制、防治虫害、草害和病害。根据各地的气温变化情况适时晚收，以提高含糖率。

适宜种植区域及季节：适宜在内蒙古、新疆、甘肃、黑龙江、河北、吉林、山西种植；适宜3月上旬至5月上旬种植。

典型叶片

根部性状

品种名称：BTS8840

登记编号：GPD 甜菜（2018）110067

作物种类：甜菜

申　请　者：北京金色谷雨种业科技有限公司

品种来源：221JF13×031S_11

特征特性：丰产型。根叶比例高，苗期发育快，生长势强，叶片功能期长，繁茂期叶片舌形，叶丛直立，叶柄宽窄长短适中；块根圆锥形，根皮白净，根冠部较小，块根品质高，根沟浅、带泥土少，根形整齐、良好。抗丛根病，耐根腐病、褐斑病。2020年呼兰病地根产量3240千克/亩，含糖率8.6%。

栽培技术要点：适时早播，争取一次播种保全苗。种植密度以每亩保苗数5000株~5500株为宜。在合理密植的情况下，才能更好地发挥其产量潜力。适宜在中性或偏碱性土壤上种植，地势以平川或平岗地为宜。在生产中应制定合理的轮作制度，确保轮作年限，避免重茬、迎茬。在下一年种植甜菜的地块，应于本年秋季进行深翻、深松，并结合整地，深施有机肥、二铵等，确保土壤疏松、土质肥沃。应注意氮肥、磷肥、钾肥的合理搭配，有些地区还应注意微肥，特别是硼肥的施用。控制过量施用氮肥，常规情况下6月中旬后不再追施氮肥。适时进行田间管理，一般在1对真叶期疏苗，2对真叶期间苗，3对真叶期定苗，疏、定苗后应及时进行中耕锄草。生长期应及时控制、防治虫害、草害和病害。根据各地的气温变化情况适时晚收，以提高含糖率。

适宜种植区域及季节：适宜在内蒙古、新疆、甘肃、黑龙江、河北、吉林、山西种植；适宜3月上旬至5月上旬种植。

典型叶片

根部性状

品种名称：KWS2314

登记编号：GPD 甜菜（2018）110076

作物种类：甜菜

申　请　者：北京科沃施农业技术有限公司

品种来源：KWSMS9984×KWSP9091

特征特性：标准型。幼苗胚轴以浅红色为主，苗期发育快，生长势强，叶片功能期长，叶片浅绿色，根叶比高，繁茂期叶片圆扇形，叶丛直立，叶片长短宽窄适中；块根纺锤形，根皮白色，根头较小，根沟较浅，根形整齐。耐根腐病、褐斑病，抗丛根病。2020 年呼兰病地根产量 3359 千克/亩，含糖率 8%。

栽培技术要点：应根据各地降雨量、气候变化、土壤温度及土壤墒情适时早播，争取一次播种保全苗。适宜密植，每亩保苗数应在 6500 株以上，每亩最佳收获数不低于 6000 株。适宜在中性或偏碱性土壤上种植，地势以平川或平岗地为宜。应合理轮作，避免重茬、迎茬。施肥应注意氮肥、磷肥、钾肥的合理搭配，有些地区还应注意微肥，特别是硼肥的使用。控制过量施用氮肥，常规情况下 6 月中旬后不再追施氮肥。应根据各地的气温变化适时晚收，以提高含糖率。

适宜种植区域及季节：适宜在河北、甘肃、内蒙古、黑龙江和新疆种植；适宜 3 月上旬至 5 月上旬种植。

典型叶片

根部性状

品种名称:SV1366

登记编号:GPD 甜菜(2018)110083

作物种类:甜菜

申 请 者:荷兰安地国际有限公司北京代表处

品种来源:SVDH MS2562×SVDH POL4900

特征特性:标准型。二倍体遗传单胚雄性不育品种;发芽势强,出苗快,苗期生长势强,叶片功能期长,叶丛半直立,叶片舌形;块根圆锥形,根头小,根沟浅,根皮光滑,皮质细腻。耐根腐病、褐斑病,抗丛根病。2020 年呼兰病地根产量 2841 千克/亩,含糖率 10.7%。

栽培技术要点:适宜密植,每亩保苗数 6500 株~8000 株。选择在地势平坦、土地疏松、地力肥沃、耕层较深地块种植,避免重茬和迎茬。依据具体条件,生育期每亩总氮不超过 15 千克、五氧化二磷 10 千克、氧化钾 6 千克。整个生育期应及时除草,做好苗期虫害防治以及中后期的叶部病害防治。

适宜种植区域及季节:适宜在黑龙江、内蒙古和新疆种植;适宜 3 月上旬至 5 月上旬种植。

典型叶片

根部性状

品种名称:SX1511

登记编号：GPD 甜菜(2018)110084

作物种类：甜菜

申 请 者：荷兰安地国际有限公司北京代表处

品种来源：SX MS3159×SX POL6773

特征特性：标准型。二倍体遗传单胚雄性不育品种;苗期生长旺盛,发芽势强,出苗快而整齐,叶片功能期长,叶丛半直立,叶片舌形;根冠比例协调,株型紧凑;块根楔形,根头小,根沟浅,根皮光滑。抗根腐病,耐褐斑病、丛根病。2020 年呼兰病地根产量2662 千克/亩,含糖率 10.1%。

栽培技术要点：秋季深翻地,5 年以上轮作。纸筒移栽每亩保苗数 5500 株,机械化直播每亩保苗数 6000 株。以农家肥与化肥配合使用为好,根据不同区域 N∶P∶K 比例为 1∶(0.8~1.2)∶0.6,适量增施硼、锌等微量元素。化肥以底肥、种肥、追肥分期施入,追肥以磷肥、钾肥为主,时间不能晚于 8 片真叶期。

适宜种植区域及季节：适宜在新疆、内蒙古和黑龙江种植;适宜 3 月上旬至 5 月上旬种植。

典型叶片

根部性状

品种名称：SX1512

登记编号：GPD 甜菜（2018）110085

作物种类：甜菜

申 请 者：荷兰安地国际有限公司北京代表处

品种来源：SX MS3162×SX POL6771

特征特性：标准型。苗期生长旺盛，发芽势强，出苗快而整齐，叶丛半直立，生长中期叶丛繁茂，叶片舌形，中等大小，叶柄较短，叶片功能期长；块根圆锥形，根皮及根肉均呈白色，青头较小，根沟浅。抗根腐病，耐褐斑病、丛根病。2020 年呼兰病地根产量1871 千克/亩，含糖率 9.6%。

栽培技术要点：根据土壤及气候的具体条件，一般育苗移栽每亩 5500 株，机械化直播以每亩保苗数 6000 株为宜，每亩最佳收获数应不低于 5000 株。以农家肥与化肥配合使用为好，推荐 N：P：K 为 1：（1~1.2）：0.6，适量增施镁元素和硼、锌等微量元素。化肥以底肥、种肥、追肥分期施入，追施氮肥时间不能晚于 8 片真叶期。一般应 4 年以上轮作，生产田应秋季深翻，确保土壤肥沃、持水性好，地形应易于排涝。

适宜种植区域及季节：适宜在黑龙江、内蒙古和新疆种植；适宜 3 月上旬至 5 月上旬种植。

典型叶片

根部性状

品种名称：XJT9907

登记编号：GPD 甜菜（2018）650087

作物种类：甜菜

申　请　者：新疆农业科学院经济作物研究所

品种来源：JTD201A×M39-8-4

特征特性：丰产型。单粒雄性不育抗病品种；出苗快，苗期生长迅速，生长势强，整齐度好，株高中等，叶丛直立，叶片绿色，叶片犁铧形；块根根冠中等，根沟浅，根体光滑，根肉白色；二年生种株抽薹结实率高，株型紧凑，结实部位适中，结实密度较高，种子千粒重10 克～12 克。抗根腐病，耐褐斑病，中抗丛根病。2020 年呼兰病地根产量2386 千克/亩，含糖率9.6%。

栽培技术要点：选择土壤肥沃、地势平坦、4 年以上轮作的地块种植。适宜密植，每亩保苗数6000 株～6500 株。生育期适时灌水，以满足甜菜生长需要，生长后期注意控制浇水，以提高含糖率。5 月中旬至 8 月上旬及时防治三叶草夜蛾、甘蓝夜蛾。一般亩产块根 5000 千克～6000 千克，含糖率在 14.50%～15.50%。

适宜种植区域及季节：适宜在新疆种植；适宜 3 月上旬至 4 月底种植。

典型叶片

根部性状

品种名称：KUHN1387

登记编号：GPD 甜菜（2018）110012

作物种类：甜菜

申 请 者：荷兰安地国际有限公司北京代表处

品种来源：MS3718×POL4721

特征特性：标准型。二倍体遗传单胚雄性不育甜菜杂交品种；发芽势强，出苗快，苗期生长势强，叶片功能期长，叶丛半直立，叶片舌形；根冠比例协调，株型紧凑；块根圆锥形，根头小，根沟浅，根皮光滑。耐根腐病、褐斑病，抗丛根病。2020 年呼兰病地根产量 1684 千克/亩，含糖率 8.4%。

栽培技术要点：实行 4 年以上的轮作，土壤持水性要好、排涝性强。适期早播，播前精细整地，播深 2 厘米~3 厘米，亩播量 300 克~500 克，苗期适时深中耕，以利全苗。一般每亩保苗数 5500 株~6000 株。重施基肥，少施追肥。一般土壤每亩施尿素 20 千克~30 千克、磷肥 10 千克~15 千克、钾肥 5 千克，肥料总量的 60%~70%作为基肥。后期应控制水肥，杜绝大水大肥。全生育期要控制杂草与害虫，药剂拌种防治苗期病虫，中后期适时喷药防治褐斑病。

适宜种植区域及季节：适宜在新疆种植；适宜 3 月下旬至 5 月上旬种植。

典型叶片

根部性状

品种名称：SV893

登记编号：GPD 甜菜（2018）110015

作物种类：甜菜

申　请　者：荷兰安地国际有限公司北京代表处

品种来源：M5724×POL9438

特征特性：高糖型。发芽势强，出苗快，苗期生长势强，叶片功能期长，叶丛半直立，叶片舌形；根冠比例协调，株型紧凑，适宜密植；块根圆锥形，根头小，根形整齐，根沟较浅，根皮光滑。抗丛根病，耐褐斑病、根腐病。2020 年呼兰病地根产量 3005 千克/亩，含糖率 10.8%。

栽培技术要点：适时早播，每亩保苗数应在 6500 株以上；应注意氮肥、磷肥、钾肥搭配施用，避免氮肥过量施用，杜绝大水大肥。连续重茬播种，感根腐病和丛根病。合理轮作是增强抗病性的有效途径；多施磷肥、钾肥；适当控制灌水次数。该品种为单胚种，适合机械化精量点播。作物生长期应及时防治虫害、草害和病害。

适宜种植区域及季节：适宜在新疆种植；适宜 3 月下旬至 5 月上旬种植。

典型叶片

根部性状

品种名称:MK4162

登记编号:GPD 甜菜(2018)110086

作物种类:甜菜

申 请 者:荷兰安地国际有限公司北京代表处

品种来源:KUHN MS5386×KUHN POL9962

特征特性:标准型。二倍体遗传单胚雄性不育品种;发芽势强,出苗快,苗期生长势强;叶片功能期长,叶丛半直立,叶片舌形;根冠比例协调,株型紧凑,适合密植;块根圆锥形,根头小,根沟浅,根皮光滑,皮质细腻。抗根腐病,耐褐斑病、丛根病。2020年呼兰病地根产量1753千克/亩,含糖率8.5%。

栽培技术要点:适宜密植,每亩保苗数6500株~8000株。选择在地势平坦、土地疏松、地力肥沃、耕层较深的地块种植。合理轮作,避免重茬和迎茬。依据具体条件,生育期每亩总氮不超过15千克、五氧化二磷10千克、氧化钾6千克。多施磷肥、钾肥。适当控制灌水次数,避免大水多灌。整个生育期应及时除草,做好苗期虫害防治以及中后期的叶部病害防治。

适宜种植区域及季节:适宜在黑龙江、内蒙古和新疆种植;适宜3月上旬至5月上旬种植。

典型叶片

根部性状

品种名称：MK4085

登记编号：GPD 甜菜（2018）110101

作物种类：甜菜

申 请 者：荷兰安地国际有限公司北京代表处

品种来源：KUHN MS5375×KUHN POL9954

特征特性：标准型。二倍体遗传单胚雄性不育品种；发芽势强，出苗快，苗期生长势强，叶片功能期长，叶丛半直立，叶片舌形；根冠比例协调，株型紧凑。抗根腐病，耐褐斑病、丛根病。2020 年呼兰病地根产量 2556 千克/亩，含糖率 9.6%。

栽培技术要点：适宜密植，每亩保苗数 6500~8000 株。选择在地势平坦、土地疏松、地力肥沃、耕层较深的地块种植。合理轮作，避免重茬和迎茬。依据具体条件，生育期每亩总氮不超过 15 千克、五氧化二磷 10 千克、氧化钾 6 千克。多施磷肥、钾肥。适当控制灌水次数，避免大水多灌。整个生育期应及时除草，做好苗期虫害防治以及中后期的叶部病害防治。

适宜种植区域及季节：适宜在黑龙江、内蒙古和新疆种植；适宜 3 月上旬至 5 月上旬种植。

典型叶片

根部性状

品种名称：SV1588

登记编号：GPD 甜菜（2018）110102

作物种类：甜菜

申 请 者：荷兰安地国际有限公司北京代表处

品种来源：SVDH MS2563×SVDH POL4901

特征特性：标准型。二倍体遗传单胚雄性不育品种；发芽势强，出苗快，苗期生长势强；叶片功能期长，叶丛半直立，叶片舌形；根冠比例协调，株型紧凑，适合密植；块根圆锥形，根头小，根沟浅，根皮光滑，皮质细腻。抗根腐病，耐褐斑病、丛根病。2020 年呼兰病地根产量 2192 千克/亩，含糖率 10%。

栽培技术要点：适宜密植，每亩保苗数 6500 株～8000 株。选择在地势平坦、土地疏松、地力肥沃、耕层较深的地块种植。合理轮作，避免重茬和迎茬。依据具体条件，生育期每亩总氮不超过 15 千克、五氧化二磷 10 千克、氧化钾 6 千克。多施磷肥、钾肥。适当控制灌水次数，避免大水多灌。整个生育期应及时除草，做好苗期虫害防治以及中后期的叶部病害防治。

适宜种植区域及季节：适宜在黑龙江、内蒙古和新疆种植；适宜 3 月上旬至 5 月上旬种植。

典型叶片

根部性状

品种名称：KUHN1260

登记编号：GPD 甜菜（2018）110103

作物种类：甜菜

申 请 者：荷兰安地国际有限公司北京代表处

品种来源：KUHN MS5353×KUHN POL9930

特征特性：标准型。二倍体遗传单胚雄性不育品种；发芽势强，出苗快，苗期生长势强；叶片功能期长，叶丛半直立，叶片舌形；根冠比例协调，株型紧凑，适合密植；块根圆锥形，根头小，根沟浅，根皮光滑。耐根腐病、丛根病，抗褐斑病。2020 年呼兰病地根产量 1652 千克/亩，含糖率 8.6%。

栽培技术要点：根据土壤及气候的具体条件，合理密植，一般育苗移栽每亩保苗数 5500 株，机械化直播以每亩保苗数 6000 株为宜。以农家肥与化肥配合使用为好，适量增施镁元素和硼、锌等微量元素。化肥以底肥、种肥、追肥分期施入，追施氮肥时间不能晚于 8 片真叶期。严禁在重茬地种植，合理轮作。多施磷肥、钾肥。适当控制灌水次数，避免大水多灌。一般应 5 年以上轮作，生产田应秋季深翻，确保土壤肥沃、持水性好，地形应易于排涝。

适宜种植区域及季节：适宜在黑龙江和内蒙古种植；适宜 4 月上旬至 5 月上旬种植。

典型叶片

根部性状

品种名称：KUHN1357

登记编号：GPD 甜菜（2018）110104

作物种类：甜菜

申 请 者：荷兰安地国际有限公司北京代表处

品种来源：KUHN MS5361×KUHN POL9940

特征特性：标准型。二倍体遗传单胚雄性不育品种；发芽势强，出苗快，苗期生长势强；叶片功能期长，叶丛半直立，叶片舌形；根冠比例协调，株型紧凑，适合密植。抗根腐病，耐褐斑病、丛根病。2020年呼兰病地根产量2568千克/亩，含糖率8.9%。

栽培技术要点：适宜密植，每亩保苗数6500株~8000株。选择在地势平坦、土地疏松、地力肥沃、耕层较深的地块种植。合理轮作，避免重茬和迎茬。依据具体条件，生育期每亩总氮不超过15千克、五氧化二磷10千克、氧化钾6千克。多施磷肥、钾肥。适当控制灌水次数，避免大水多灌。整个生育期应及时除草，做好苗期虫害防治以及中后期的叶部病害防治。

适宜种植区域及季节：适宜在黑龙江、内蒙古和新疆种植；适宜3月上旬至5月上旬种植。

典型叶片

根部性状

品种名称：BTS2860

登记编号：GPD 甜菜（2018）110093

作物种类：甜菜

申 请 者：北京金色谷雨种业科技有限公司

品种来源：6BJ4873×7BR0770

特征特性：标准型。繁茂期叶片舌形，叶丛直立，叶柄宽窄长短适中；块根圆锥形，根皮白净，根冠部较小，根沟浅、带泥土少，根形整齐、良好。耐根腐病、褐斑病，抗丛根病。2020 年呼兰病地根产量 4854 千克/亩，含糖率 9.2%。

栽培技术要点：播期应根据各地降雨量、气温变化情况、土壤温度及土壤墒情来确定适时早播，争取一次播种保全苗。种植密度以每亩保苗数 5000 株～5500 株为宜。适宜在中性或偏碱性土壤上种植，地势以平川或平岗地为宜。合理轮作，确保轮作年限，避免重茬、迎茬及低洼地带种植，前茬以麦茬为好。秋季进行深翻、深松，并结合整地，深施有机肥、二铵等，确保土壤疏松、土质肥沃。应注意氮肥、磷肥、钾肥的合理搭配，有些地区还应注意微肥，特别是硼肥的施用。控制过量施用氮肥，常规情况下 6 月中旬后不再追施氮肥。适时进行田间管理，一般在 1 对真叶期疏苗，2 对真叶期间苗，3 对真叶期定苗，疏、定苗后应及时进行中耕锄草。生长期应及时防治虫害、草害和病害。注意田间排水。根据各地的气温变化情况适时晚收，以提高含糖率。

适宜种植区域及季节：适宜在新疆、内蒙古、甘肃、宁夏、陕西、黑龙江、吉林、辽宁、河北和山西种植；适宜 3 月上旬至 5 月上旬种植。

典型叶片

根部性状

品种名称：NT39106

登记编号：GPD 甜菜（2019）150013

作物种类：甜菜

申　请　者：内蒙古自治区农牧业科学院

品种来源：N9849×（R-Z1×HBB-1）

特征特性：丰产型。苗期及叶丛繁茂期植株生长旺盛,叶丛直立,叶柄长短适中,叶片犁铧形,叶片绿色;块根楔形,根肉白色,根沟中;功能叶片寿命长,性状稳定,具有单胚丰产型品种特性。耐根腐病、褐斑病,抗丛根病。2020 年呼兰病地根产量 1003 千克/亩,含糖率 7.9%。

栽培技术要点：对土壤肥力及环境条件要求不严,适应性较强,选择地力中等以上的非重茬地即可。采用露地直播、纸筒育苗移栽、膜下滴灌等播种方式均可。播种时施用甜菜专用肥每亩 50 千克~60 千克,栽植密度以每亩保苗数 5000 株~6000 株为宜。生长期内做好水分管理,在甜菜生长中后期严禁割撇功能叶片。做好整个生育期病虫草害综合防控,做到早发现、早预警、早防控。

适宜种植区域及季节：适宜在内蒙古种植;适宜春季种植。

典型叶片

根部性状

品种名称：KUHN1280

登记编号：GPD 甜菜（2018）110110

作物种类：甜菜

申 请 者：荷兰安地国际有限公司北京代表处

品种来源：KUHN MS5654×KUHN POL9989

特征特性：标准型。二倍体遗传单胚雄性不育品种；发芽势强，出苗快，苗期生长势强，叶片功能期长，叶丛半直立，叶片舌形；根冠比例协调，株型紧凑，适合密植；块根圆锥形，根头小，根沟浅，根皮光滑。耐根腐病、丛根病，抗褐斑病。2020 年呼兰病地根产量2561 千克/亩，含糖率 9.3%。

栽培技术要点：根据土壤及气候的具体条件，适当密植，一般育苗移栽每亩保苗数5500 株，机械化直播以每亩保苗数 6000 株为宜。以农家肥与化肥配合使用为好，适量增施镁元素和硼、锌等微量元素。化肥以底肥、种肥、追肥分期施入，追施氮肥时间不能晚于 8 片真叶期。应 5 年以上轮作，生产田应土壤肥沃、持水性好，地形应易于排涝，并秋季深翻。严禁在重茬地种植，多施磷肥、钾肥。适当控制灌水次数，避免大水多灌。

适宜种植区域及季节：适宜在黑龙江和内蒙古种植；适宜春季种植。

典型叶片

根部性状

品种名称: KWS3354

登记编号: GPD 甜菜(2018)110106

作物种类: 甜菜

申 请 者: 北京科沃施农业技术有限公司

品种来源: 0JF1612×1RV7106

特征特性: 标准型。根叶比较高,苗期发育快,生长势较旺盛,叶片功能期长,幼苗胚轴以红色为主;繁茂期叶片犁铧形,叶片大小中等,叶量适中,叶片深绿色,叶丛直立;块根圆锥形,根皮白色,根头较小,根沟浅,根形整齐,大小均匀;种子千粒重20克。耐根腐病、褐斑病,抗丛根病。2020年呼兰病地根产量3298千克/亩,含糖率9.1%。

栽培技术要点: 适时提早机械播种,选择中等肥力地块种植,合理密植,每亩保苗数5500株~6000株。氮肥、磷肥、钾肥合理搭配,基肥、种肥、追肥合理搭配。基肥一般结合秋季整地施入。根据土壤肥力状况,定苗后可追施尿素等氮肥,常规情况下6月中旬后不再追施氮肥。有些地区还应注意微肥,特别是硼肥的施用。合理轮作,确保轮作年限,避免重茬、迎茬种植。控制氮肥过量施用,杜绝大水大肥。生育期内严禁撇叶。适时进行田间管理,及时进行中耕锄草。生长期应及时控制、防治虫害、草害和病害。应根据各地的气温变化情况适时晚收,以提高含糖率。

适宜种植区域及季节:适宜在河北、黑龙江、新疆、甘肃、山西、山东和内蒙古种植;适宜3月上旬至5月上旬种植。

典型叶片

根部性状

品种名称:SV1752

登记编号:GPD 甜菜(2018)110112

作物种类:甜菜

申 请 者:荷兰安地国际有限公司北京代表处

品种来源:SVDH MS2564×SVDH POL4908

特征特性:标准型。苗期生长旺盛,发芽势强,出苗快而整齐,利于苗全苗壮,叶片功能期长,叶丛半直立,叶片舌形;根冠比例协调,株型紧凑;块根圆锥形,根头小,根沟浅,根皮光滑。耐根腐病、丛根病,抗褐斑病。2020 年呼兰病地根产量 2449 千克/亩,含糖率 8.2%。

栽培技术要点:一般每亩保苗数 5500 株~6000 株。严禁重茬种植,实行 4 年以上的轮作,秋季深翻地。适量施用氮肥,多施磷肥、钾肥。适当控制灌水次数。

适宜种植区域及季节:适宜在黑龙江、内蒙古和新疆种植;适宜 3 月上旬至 5 月上旬种植。

根部性状

品种名称：KUHN1277

登记编号：GPD 甜菜（2018）230026

作物种类：甜菜

申 请 者：黑龙江北方种业有限公司

品种来源：KUHN 3565×KUHN POL9019

特征特性：丰产型。单胚二倍体品种；幼苗期胚轴颜色为红色和绿色混合；繁茂期叶片舌形，叶片中绿色，叶丛直立，株高 47 厘米~50 厘米，叶柄长，叶片数 25 片~30 片，含糖率 16.6%~16.9%；块根圆锥形，根头小，根沟浅，根皮白色，根肉白色。抗根腐病、褐斑病，耐丛根病。2020 年呼兰病地根产量 3058 千克/亩，含糖率 8.6%。

栽培技术要点：适合纸筒育苗和机械化精量点播。土壤 5 厘米深处的日平均温度达到 5 ℃以上时播种。根据土壤和气候具体情况而定，每公顷保苗数 7.5 万株，机械化直播以每公顷保苗数 8 万株为宜。适合气吸式播种机单粒直播；适时育苗，严格控制棚内温度，及时通风，确保苗齐苗壮，防止徒长。实行 4 年以上的大区轮作，选用秋季深翻地，严禁在重茬及有残留性农药地块种植，避开低洼地以防根腐病发生。多施厩肥、堆肥或绿肥，严格控制过量施用氮肥。注意 N∶P∶K 比例为 1∶1∶0.5，前期应叶面喷施微肥，追施氮肥不能晚于 8 片真叶期。保护好功能叶片。播种后、叶丛期及块根膨大期缺水条件下应及时喷灌，避免过多灌水和漫灌。适时进行田间管理，确保土壤通气、透水，及时化学除草。选用杀菌剂或杀虫剂拌种，防治苗期立枯病和跳甲、象甲等苗期害虫，中后期着重防治甘蓝夜蛾和草地螟。适时防治褐斑病，确保高产、高糖。

适宜种植区域及季节：适宜在内蒙古、河北、黑龙江种植；适宜 4 月上旬至 5 月上旬种植。

典型叶片

根部性状

品种名称：SX1517

登记编号：GPD 甜菜（2018）110114

作物种类：甜菜

申 请 者：荷兰安地国际有限公司北京代表处

品种来源：SX MS3262×SX POL6171

特征特性：标准型。苗期生长旺盛，发芽势强，出苗快而整齐，叶片功能期长，叶丛半直立，叶片舌形；根冠比例协调，株型紧凑；块根圆锥形，根头小，根沟浅，根皮光滑。耐根腐病、褐斑病，抗丛根病。2020年呼兰病地根产量1601千克/亩，含糖率9.5%。

栽培技术要点：一般每亩保苗数5500株~6000株。严禁重茬种植，实行4年以上的轮作，秋季深翻地。适量施用氮肥，多施磷肥、钾肥。适当控制灌水次数。

适宜种植区域及季节：适宜在黑龙江、内蒙古和新疆种植；适宜3月上旬至5月上旬种植。

典型叶片

根部性状

品种名称：KWS3410

登记编号：GPD 甜菜（2018）110108

作物种类：甜菜

申 请 者：北京科沃施农业技术有限公司

品种来源：0JF1606×1RV7101

特征特性：标准型。出苗整齐，植株半直立，叶丛繁茂，叶片舌形，叶片绿色，叶面较平展，叶柄较长；块根楔形，根皮白色，根沟浅。耐根腐病、褐斑病，抗丛根病。2020 年呼兰病地根产量 2949 千克/亩，含糖率 9.2%。

栽培技术要点：应根据各地降雨量、气温变化、土壤温度及土壤墒情适时早播，争取一次播种保全苗。适宜密植，种植密度每公顷保苗数 90000 株左右。适宜在中性或偏碱性土壤上种植，地势以平川或平岗地为宜。应合理轮作，避免重茬、迎茬。应注意氮肥、磷肥、钾肥的合理搭配，有些地区还应注意微肥，特别是硼肥的施用。控制过量施用氮肥，常规情况下 6 月中旬后不再追施氮肥。应根据各地的气温变化情况适时晚收，以提高含糖率。

适宜种植区域及季节：适宜在新疆、甘肃、内蒙古、黑龙江、河北、山西、宁夏种植；适宜 3 月上旬至 5 月上旬种植。

典型叶片

根部性状

品种名称：KUHN4092

登记编号：GPD 甜菜（2018）110115

作物种类：甜菜

申　请　者：荷兰安地国际有限公司北京代表处

品种来源：KUHN MS5376×KUHN POL9955

特征特性：标准型。苗期生长旺盛，发芽势强，出苗快而整齐，叶片功能期长，叶丛半直立，叶片舌形；根冠比例协调，株型紧凑；块根圆锥形，根头小，根沟浅，根皮光滑。耐根腐病、褐斑病，抗丛根病。2020 年呼兰病地根产量 1419 千克/亩，含糖率 9.7%。

栽培技术要点：一般每亩保苗数 5500 株~6000 株。严禁重茬种植，实行 4 年以上的轮作，秋季深翻地。适量施用氮肥，多施磷肥、钾肥。适当控制灌水次数。

适宜种植区域及季节：适宜在黑龙江和内蒙古地区种植；适宜春季种植。

典型叶片

根部性状

品种名称：KWS7125

登记编号：GPD 甜菜（2018）110117

作物种类：甜菜

申 请 者：北京科沃施农业技术有限公司

品种来源：4J_1981×7S_1104

特征特性：标准型。发芽势强，出苗快且整齐，早期发育快，苗期生长健壮；叶丛直立，植株自然高度 45 厘米~65 厘米，叶片犁铧型，叶片深绿色，叶柄较长，叶面皱褶很多，叶缘波褶深，叶丛紧凑，功能叶片寿命长；块根楔形，根皮浅白色，根沟浅，根头较小，块根均匀度较好。耐根腐病、褐斑病，抗丛根病。2020 年呼兰病地根产量 1462 千克/亩，含糖率 8.5%。

栽培技术要点：实行 4 年以上的轮作，土壤持水性要好、排涝性强。前作收获后秋季对耕地进行深耕、深松，苗期适时深中耕。该品种为遗传单粒种，播种量较少。一般每亩保苗数 5500 株~6500 株，每亩收获数不低于 5000 株。重施基肥，少施追肥。一般土壤每亩施尿素 20 千克~30 千克、磷肥 10 千克~15 千克、钾肥 5 千克~8 千克，以肥料总量的 60%~70% 作为基肥。追肥应在 6 月初以前结束，若氮肥追施过晚、过多或大水大肥，易造成后期叶丛徒长，对含糖率有很大的影响。全生育期要控制杂草与害虫，药剂拌种防治苗期病虫，中后期应适时喷药防治褐斑病。

适宜种植区域及季节：适宜在新疆、内蒙古、黑龙江、河北种植；适宜 3 月上旬至 5 月上旬种植。

典型叶片

根部性状

品种名称：KWS5599

登记编号：GPD 甜菜（2019）110001

作物种类：甜菜

申 请 者：北京科沃施农业技术有限公司

品种来源：1EP1430×1S_1103

特征特性：标准型。植株长势旺盛，出苗快且整齐，易保苗；植株较高，叶丛半直立，叶片绿色，叶缘中波，叶片犁铧形；块根圆锥形，根冠小，根沟浅，根体光滑，根肉白色。耐根腐病、褐斑病，抗丛根病。2020 年呼兰病地根产量 3634 千克/亩，含糖率 9%。

栽培技术要点：实行 4 年以上的轮作，土壤持水性要好、排涝性强。秋季对耕地进行深耕、深松，如果春整地则不宜深耕、深松。播种密度每亩 8000 粒~9000 粒，每亩保苗数 5500 株~6500 株。重施基肥，少追肥。一般土壤每亩施尿素 20 千克~30 千克、磷肥 10 千克~15 千克、钾肥 5 千克~8 千克，以肥料总量的 60%~70%作为基肥。严禁在重茬地种植。合理轮作是增强抗病性的有效途径。多施磷肥、钾肥。适当控制灌水次数，避免大水多灌。追肥应在 6 月初以前结束，控制灌水，若氮肥追施过晚、过多或大水大肥，易造成后期叶丛徒长，对含糖率有很大的影响。全生育期要控制杂草与害虫，中后期应适时喷药防治褐斑病，确保高产、高糖。

适宜种植区域及季节：适宜在新疆、甘肃、山西、山东、河北、内蒙古、黑龙江、吉林、辽宁种植；适宜 3 月上旬至 5 月上旬种植。

典型叶片

根部性状

品种名称:KWS6661

登记编号：GPD 甜菜(2019)110002

作物种类：甜菜

申请者：北京科沃施农业技术有限公司

品种来源：3JF1881×3RV6362

特征特性：标准型。出苗快且整齐,苗期生长健壮;一年生植株丛叶茂盛,呈半直立型,叶片窄卵形,叶片绿色,叶面较平展,叶柄细长;块根圆锥形,根皮白色,根沟较浅,块根均匀度较好。耐根腐病、褐斑病,抗丛根病。2020 年呼兰病地根产量 4023 千克/亩,含糖率 8.5%。

栽培技术要点：制定合理的 4 年轮作制度,避免重茬、迎茬。应根据各地降雨量、气温变化情况、土壤温度及土壤墒情适时早播,争取一次播种保全苗。适宜大面积机械化精量点播,一般每亩保苗数 5500 株~6500 株。精细整地,合理施肥。少施氮肥,多施磷肥、钾肥,有些地区还应注意微肥,特别是硼肥的施用。适当控制灌水次数,避免大水多灌。及时进行田间管理,预防和控制病、虫、草害的发生。应根据各地的气温变化情况适时晚收,以提高含糖率。

适宜种植区域及季节:适宜在新疆、甘肃、山西、宁夏、河北、内蒙古、吉林、辽宁、黑龙江种植;适宜 3 月上旬至 5 月上旬种植。

典型叶片

根部性状

品种名称：HDTY02

登记编号：GPD 甜菜（2019）230003

作物种类：甜菜

申 请 者：黑龙江大学

品种来源：Dms2-1×WJZ02

特征特性：高糖型。单胚二倍体杂交品种;幼苗期胚轴颜色为红色和绿色混合;繁茂期叶片舌形,叶片绿色,叶丛斜立,株高55厘米~60厘米,叶柄粗细中等,叶片数30片~32片;块根圆锥形,根头较小,根沟较浅,根皮白色,根肉白色。耐根腐病,抗褐斑病,感丛根病。2020年呼兰病地根产量586千克/亩,含糖率9.8%。

栽培技术要点：采用纸筒育苗或机械精量点播作为栽培方式,每亩保苗数4000株~4600株。每亩施磷酸二铵15千克作为种肥、3对~4对真叶时每亩追施尿素10千克。及时定苗、除草、铲耥。出苗后注意防治鞘翅目害虫,7月至8月及时防治甘蓝夜蛾。10月1日以后可根据情况适时收获。

适宜种植区域及季节：适宜在黑龙江（哈尔滨、齐齐哈尔、绥化、佳木斯、牡丹江等地区）种植;适宜春季种植。

典型叶片

根部性状

品种名称:航甜单 0919

登记编号:GPD 甜菜(2019)230006

作物种类:甜菜

申 请 者:黑龙江大学

品种来源:TH8-85×TH5-207

特征特性:丰产型、高糖型。单胚二倍体杂交品种;幼苗期胚轴颜色为绿色;繁茂期叶片舌形,叶片绿色,叶丛斜立,叶柄较细,叶柄长 22 厘米~28 厘米,叶长 17 厘米~25 厘米,叶宽 13 厘米~17 厘米,株高 55 厘米~59 厘米,繁茂期叶片数 26 片~30 片;块根楔形,根头较小,根沟较浅,根皮白色,根肉白色。耐根腐病,抗褐斑病,中感丛根病。2020 年呼兰病地根产量 1982 千克/亩,含糖率 7.6%。

栽培技术要点:适宜在黑钙土及苏打草甸土地区种植。适宜纸筒育苗移栽和机械化精量点播,每亩保苗数 4500 株~4700 株。秋季施肥,每亩施农家肥 2000 千克、磷酸二铵和尿素 40 千克。不宜在排水不畅的低洼地块或丛根病发病区种植。出苗后防治东方绢金龟、象甲,生育期间防治地老虎、甜菜夜蛾等害虫。收获时期为 9 月末至 10 月初。

适宜种植区域及季节:适宜在黑龙江(佳木斯、绥化、牡丹江、哈尔滨)种植;适宜春季种植。

典型叶片

根部性状

品种名称：LS1805

登记编号：GPD 甜菜（2019）150010

作物种类：甜菜

申 请 者：内蒙古景琪种子科技有限公司

品种来源：1QM1,0DM78×EE241

特征特性：丰产型。单粒种;幼苗生长旺盛,叶柄长,叶片舌形,叶片绿色,植株叶丛直立、紧凑,功能叶片寿命长,性状稳定,利于通风透光,适宜密植;前期块根增长快,适应性广,块根楔形,根头小,根沟浅,根肉白色。抗根腐病、丛根病,耐褐斑病。2020 年呼兰病地根产量 722 千克/亩,含糖率 6.1%。

栽培技术要点：适宜密植,每亩保苗数 6500 株~8000 株。种子播种前用杀虫剂和杀菌剂处理。选择在地势平坦、土地疏松、地力肥沃、耕层较深的地上种植,避免重茬和迎茬。依据具体条件,生育期每亩总氮不超过 12 千克、五氧化二磷 10 千克、氯化钾 6 千克。整个生育期应及时除草,做好苗期虫害防治以及中后期的叶部病害防治。需预防苗期立枯病以及跳甲等害虫,中后期着重防治甘蓝夜蛾和草地螟。在甜菜生长前期如雨水过多或田内湿度过大易发生褐斑病,可采取勤中耕松土的方法预防,在甜菜封垄后可采取药剂防治。7 月下旬后,如遇高温干旱,田间易发生白粉病,需及早防治。重茬、迎茬、洼地易发生根腐病,需高度注意土地轮作。

适宜种植区域及季节：适宜在内蒙古(乌兰察布)种植;适宜春季种植。

典型叶片

根部性状

品种名称：LN1708

登记编号：GPD 甜菜（2019）110011

作物种类：甜菜

申请者：北京九圣禾农业科学研究院有限公司

品种来源：1QM1n,0DM78n×EE241

特征特性：丰产型。幼苗生长势强,叶柄长,叶片舌形,叶片深绿色;块根圆锥形,根头小,根沟浅,根肉白色。抗根腐病、丛根病,耐褐斑病。2020 年呼兰病地根产量891 千克/亩,含糖率 8%。

栽培技术要点：叶丛直立,适宜密植,每亩保苗数 5500 株~6500 株,每亩收获数不低于 5000 株。宜选择在地势平坦、土地疏松、地力肥沃、耕层较深的土地上栽植,避免重茬、迎茬种植防止出现根部病害。全生育期每亩总氮不超过 15 千克、磷肥 10 千克、氯化钾 6 千克。整个生育期应及时除草,做好苗期虫害防治及中后期的叶部病害防治。田间管理实行三铲三趟(机械中耕),确保土壤通水、透气,预防根腐病、苗期立枯病和跳甲等害虫。中后期重点防治甘蓝叶蛾和草地螟,适时防治褐斑病。应根据气温变化适时晚收,提高含糖率。

适宜种植区域及季节:适宜在新疆种植;适宜春季种植。

典型叶片

根部性状

品种名称：LN17101

登记编号：GPD 甜菜（2019）150012

作物种类：甜菜

申　请　者：内蒙古景琪种子科技有限公司

品种来源：1QM1n,0DM78n×SI2642

特征特性：丰产型。幼苗生长旺盛，叶柄长，叶片舌形，叶片绿色，植株叶丛直立、紧凑，从播种到收获 190 天左右，生长势强，整齐度高，株高 50 厘米~60 厘米，叶柄短，叶片犁铧形，叶片深绿色，适宜密植；块根圆锥形，根体较光滑，根沟浅，根头小，根皮白色，根肉白色。抗根腐病、丛根病，耐褐斑病。2020 年呼兰病地根产量 1111 千克/亩，含糖率 10.1%。

栽培技术要点：每亩保苗数 5000 株~6000 株。以秋施肥起垄为主，每公顷施肥量为 500 千克~600 千克，每亩纯氮应控制在 8 千克，$N : P_2O_5 : K_2O$ 比例为 1.2 : 1 : 0.4，追施氮肥时间不能晚于 8 片真叶期。适当增加磷肥和钾肥以提高甜菜抗病力和含糖率。缺硼地区必须配合基施或喷施硼肥。实行三铲三耥(机械中耕)，确保土壤通气、透水，预防苗期立枯病以及跳甲等害虫，中后期着重防治甘蓝夜蛾和草地螟，适时防治褐斑病。应根据气温变化适时晚收，以便提高含糖率。在甜菜生长前期如雨水过多或田内湿度过大易发生褐斑病，可采取勤中耕松土的方法预防，在甜菜封垄后可采取药剂防治，每亩用甲基硫菌灵 100 克加多菌灵 50 克兑水 30 千克喷洒。7 月下旬如遇高温干旱，田间易发生白粉病，每亩可用三唑酮 70 克兑水 30 千克及早防治。

适宜种植区域及季节：适宜在内蒙古（乌兰察布）种植；适宜 4 月 10 日至 5 月 5 日种植。

典型叶片

品种名称：IM1162

登记编号：GPD 甜菜（2018）110008

作物种类：甜菜

申　请　者：荷兰安地国际有限公司北京代表处

品种来源：SVDH MS2551× SVDH POL4830

特征特性：标准型。发芽势强,出苗快,苗期生长势强,叶片功能期长,叶丛直立,叶片舌形;根冠比例协调,株型紧凑;块根圆锥形,根头小,根沟浅,根皮光滑。耐根腐病、褐斑病,抗丛根病。2020 年呼兰病地根产量 1639 千克/亩,含糖率 10%。

栽培技术要点：单粒播种,每亩保苗数 5500 株~6000 株。严禁在重茬地种植,实行 4 年以上的轮作,秋季深翻地。适量施用氮肥,多施磷肥、钾肥。适当控制灌水次数。

适宜种植区域及季节:适宜在黑龙江、内蒙古种植;适宜 4 月上旬至 5 月上旬种植。

典型叶片

品种名称:KUHN5012

登记编号: GPD(2018)110002

作物种类: 甜菜

申 请 者: 荷兰安地国际有限公司北京代表处

品种来源: MS3537×POL4771

特征特性: 标准型。二倍体遗传单粒型雄性不育杂交种;发芽势强,苗期生长势强,叶片较窄小,叶片深绿色,叶丛斜立;块根圆锥形,根头小,根沟浅,根皮光滑,皮质细致,平均含糖率15.64%。抗根腐病、褐斑病、丛根病。2020年呼兰病地根产量2561千克/亩,含糖率9.8%。

栽培技术要点: 实行4年以上的轮作,土壤持水性要好、排涝性强。适期早播,播前精细整地,播深2厘米~3厘米,每亩播量300克~500克,苗期适时深中耕,以利全苗。一般每亩保苗数5500株~6000株。重施基肥,少施追肥。一般土壤施尿素20千克~30千克、磷肥10千克~15千克、钾肥5千克,以肥料总量的60%~70%作为基肥。后期应控制水肥,杜绝大水大肥。全生育期要控制杂草与害虫,药剂拌种防治苗期病虫,中后期适时喷药防治褐斑病。

适宜种植区域及季节:适宜在黑龙江、内蒙古、新疆种植;适宜3月上旬至5月上旬种植。

典型叶片

根部性状

品种名称：MK4044

登记编号：GPD 甜菜（2018）110037

作物种类：甜菜

申 请 者：荷兰安地国际有限公司北京代表处

品种来源：M5774×POL9418

特征特性：标准型。二倍体遗传单胚种；发芽势强，出苗快，苗期生长势强，叶片功能期长，叶丛半直立，叶片舌形；根冠比例协调，株型紧凑，适宜密植；块根圆锥形，根头小，根形整齐，根沟较浅，根皮光滑。抗丛根病，耐褐斑病、根腐病。2020 年呼兰病地根产量 2230 千克/亩，含糖率 10.3%。

栽培技术要点：实行 4 年以上的轮作，土壤持水性要好、排涝性强。适期早播，播前精细整地，播深 2 厘米~3 厘米，每亩播量 300 克~500 克，苗期适时深中耕，以利全苗。一般每亩保苗数 5500 株~6000 株。重施基肥，少施追肥，以肥料总量的 60%~70%作为基肥。后期应控制水肥，杜绝大水大肥。严禁在重茬地种植，合理轮作是增强抗病性的有效途径。多施磷肥、钾肥。适当控制灌水次数。全生育期要控制杂草与害虫。

适宜种植区域及季节：适宜在黑龙江、新疆、内蒙古种植；适宜 3 月上旬至 5 月上旬种植。

典型叶片

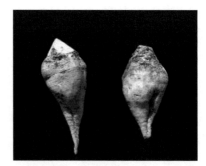

根部性状

品种名称：H7IM15

登记编号：GPD 甜菜（2018）110014

作物种类：甜菜

申 请 者：荷兰安地国际有限公司北京代表处

品种来源：SVDH MS 2547× SVDH POL 4894

特征特性：标准型。二倍体遗传单粒型雄性不育杂交品种；发芽势强，苗期生长旺盛，出苗快而整齐，叶片功能期长，叶丛半直立，叶片舌形；根冠比例协调，株型紧凑；块根楔形，根头小，根沟浅，根皮光滑。抗根腐病，耐褐斑病、丛根病。2020 年呼兰病地根产量 1783 千克/亩，含糖率 10%。

栽培技术要点：根据土壤及气候的具体条件，一般育苗移栽每亩保苗数 5500 株，机械化直播以每亩保苗数 6000 株为宜。农家肥与化肥配合使用，根据不同区域合理搭配氮肥、磷肥、钾肥。适量增施硼、锌等微量元素。化肥以底肥、种肥、追肥分期施入，追施氮肥时间不能晚于 8 片真叶期。5 年以上轮作，生产田应秋季深翻，确保土壤肥沃、持水性好，地形应易于排涝。严禁在重茬地种植，合理轮作。多施磷肥、钾肥。适当控制灌水次数。

适宜种植区域及季节：适宜在内蒙古、黑龙江、吉林、新疆种植；适宜 3 月上旬至 5 月上旬种植。

典型叶片

根部性状

品种名称：SR496

登记编号：GPD 甜菜（2018）110007

作物种类：甜菜

申 请 者：荷兰安地国际有限公司北京代表处

品种来源：SVDH MS2542× SVDH POL4773

特征特性：标准型。二倍体遗传单胚型雄性不育杂交品种；发芽势强，出苗快，苗期生长势强，叶片功能期长，叶丛直立，叶片舌形；根冠比例协调，株型紧凑；块根圆锥形，根头小，根沟浅，根皮光滑。耐根腐病、褐斑病、丛根病。2020年呼兰病地根产量1394千克/亩，含糖率9.4%。

栽培技术要点：秋季深翻地，5年以上轮作。纸筒移栽每亩保苗数5500株，机械化直播每亩保苗数6000株。农家肥与化肥配合使用，根据不同区域合理搭配氮肥、磷肥、钾肥。适量增施硼、锌等微量元素。化肥以底肥、种肥、追肥分期施入，追肥以磷肥、钾肥为主，时间不能晚于8片真叶期。严禁在重茬地种植，合理轮作。适当控制灌水次数。

适宜种植区域及季节：适宜在吉林、黑龙江、内蒙古、新疆种植；适宜3月上旬至5月上旬种植。

典型叶片

根部性状

品种名称：IM802

登记编号：GPD 甜菜（2018）110005

作物种类：甜菜

申 请 者：荷兰安地国际有限公司北京代表处

品种来源：SVDH MS8835× SVDH POL4736

特征特性：标准型。二倍体遗传单胚型雄性不育杂交品种；出苗快，苗期生长势强，叶丛半直立；块根楔形，根头小，根沟浅，根皮光滑。抗根腐病，耐褐斑病、丛根病。2020年呼兰病地根产量1417千克/亩，含糖率8.5%。

栽培技术要点：根据土壤及气候的具体条件，一般育苗移栽每亩保苗数5500株，机械化直播以每亩保苗数6000株为宜，每亩收获数应不低于5000株。农家肥与化肥配合使用，根据不同区域合理搭配氮肥、磷肥、钾肥。适量增施镁元素和硼、锌等微量元素。化肥以底肥、种肥、追肥分期施入，追施氮肥时间不能晚于8片真叶期。5年以上轮作，生产田应秋季深翻，确保土壤肥沃、持水性好，地形应易于排涝。严禁在重茬地种植，多施磷肥、钾肥。适当控制灌水次数。

适宜种植区域及季节：适宜在内蒙古、黑龙江、吉林、新疆种植；适宜3月上旬至5月上旬种植。

典型叶片

根部性状

品种名称：SV1555

登记编号：GPD 甜菜(2018)110100

作物种类：甜菜

申　请　者：荷兰安地国际有限公司北京代表处

品种来源：SVDH MS 2536×SVDH POL 4892

特征特性：标准型。出苗快，整齐度好，易保苗，株高中等，生长势强，叶片功能期长，叶丛半直立，叶片舌形；根冠比例协调，株型紧凑，适合密植；块根圆锥形，根头小，根沟浅，利于切削及机械化收获。抗根腐病，耐褐斑病、丛根病。2020 年呼兰病地根产量 1609 千克/亩，含糖率 8.4%。

栽培技术要点：选择在地势平坦、土地疏松、地力肥沃、耕层较深的地上种植，避免重茬和迎茬。依据具体条件，生育期每亩总氮不超过 15 千克、五氧化二磷 10 千克、氯化钾 6 千克。整个生育期应及时除草，做好苗期虫害防治以及中后期的叶部病害防治。适当控制灌水次数，避免大水多灌。注意播种密度。

适宜种植区域及季节：适宜在吉林、黑龙江、内蒙古、新疆种植；适宜 3 月上旬至 5 月上旬种植。

典型叶片

根部性状

品种名称:SR-411

登记编号:GPD 甜菜(2018)110039

作物种类:甜菜

申 请 者:荷兰安地国际有限公司北京代表处

品种来源:SVDH MS2537×SVDH POL4771

特征特性:标准型。二倍体遗传单胚品种;发芽势强,出苗快,苗期生长势强,叶片功能期长,叶丛半直立,叶片舌形;根冠比例协调,株型紧凑;块根圆锥形,根头小,根沟浅,根皮光滑。耐根腐病、褐斑病,抗丛根病。2020 年呼兰病地根产量 2581 千克/亩,含糖率 11.1%。

栽培技术要点:5 年以上轮作,秋季深翻地。纸筒移栽每亩保苗数 5500 株,机械化直播每亩保苗数 6000 株。以农家肥与化肥配合使用为好,根据不同区域合理搭配氮肥、磷肥、钾肥。适量增施硼、锌等微量元素。化肥以底肥、种肥、追肥分期施入,追肥以磷肥、钾肥为主,时间不能晚于 8 片真叶期。严禁重茬种植,合理轮作。适当控制灌水次数。

适宜种植区域及季节:适宜在内蒙古、新疆、甘肃、河北、吉林、黑龙江种植;适宜 3 月上旬至 5 月上旬种植。

典型叶片

根部性状

品种名称：SV1433

登记编号：GPD 甜菜（2018）110004

作物种类：甜菜

申 请 者：荷兰安地国际有限公司北京代表处

品种来源：SVDHMS2556× SVDIIPOL4887

特征特性：丰产型、高糖型。二倍体遗传单胚型雄性不育杂交种；苗期生长旺盛，发芽势强，出苗快而整齐，利于苗全苗壮，叶片功能期长，叶丛半直立，叶片心形；根冠比例协调，株型紧凑，适合密植；块根圆锥形，根头小，根沟浅，根皮光滑。抗褐斑病，耐根腐病、丛根病。2020 年呼兰病地根产量 2674 千克/亩，含糖率 8.6%。

栽培技术要点：秋季深翻地，5 年以上轮作。纸筒移栽每亩保苗数 5500 株，机械化直播每亩保苗数 6000 株。以农家肥与化肥配合使用为好，适量增施硼、锌等微量元素。化肥以底肥、种肥、追肥分期施入，追肥以磷肥、钾肥为主，时间不能晚于 8 片真叶期。严禁在重茬地种植。合理轮作是增强抗病性的有效途径。适当控制灌水次数。

适宜种植区域及季节：适宜在甘肃（酒泉、张掖）及黑龙江种植；适宜 4 月上旬至 5 月初种植。

典型叶片

根部性状

品种名称：HI0479

登记编号：GPD 甜菜（2018）230097

作物种类：甜菜

申 请 者：丹麦麦瑞博西索科有限公司哈尔滨代表处

品种来源：MS-304×POLL-0179

特征特性：高糖型。叶丛直立，叶片深绿色，叶片心形；块根楔形，叶痕间距小，青头小，根沟浅，根皮白色，根肉浅黄色；采种株以多枝型为主，母本无花粉，父本花粉量大；结实密度 2 粒/厘米~3 粒/厘米，种子千粒重 9 克~12 克。抗根腐病、丛根病，耐褐斑病。2020 年呼兰病地根产量 2333 千克/亩，含糖率 10.4%。

栽培技术要点：适于机械化精量点播（播种深度因地制宜，建议不超过 2.5 厘米），并适于纸筒育苗栽培，选择肥力较好的地块种植，每亩保苗数 7000 株~8000 株。每亩施用农家肥 1000 千克、磷酸二铵 16 千克，氮肥在 8 片叶面施肥，N：P：K 比例为 1：1：0.5。实行三铲三趟（机械化中耕）作业，苗期缺水时及时喷灌。轮作倒茬，及时喷灌，严控氮肥使用量，杜绝大水漫灌。注意施用硼肥，减少心腐病的发生。适时早播，每亩收获数不低于 5000 株，秋季深翻地，实行 5 年以上大区轮作。根据品种特点，可采用机械化收获，且及时起收、堆放、保管。播种前用拌种剂拌种，注意防治立枯病、跳甲等苗期病虫害。适当密植，提高产、质量同时更适宜机械收获。种子为醒芽处理的杂交一代，不能留至第二年种植。

适宜种植区域及季节：适宜在新疆、黑龙江、吉林、内蒙古、甘肃、河北种植；适宜 3 月上旬至 5 月上旬种植。

典型叶片

根部性状

品种名称：HI0474

登记编号：GPD 甜菜（2018）230096

作物种类：甜菜

申 请 者：丹麦麦瑞博西索科有限公司哈尔滨代表处

品种来源：MS-06201×POLL-40200

特征特性：标准型。叶丛半直立,繁茂期叶片舌形,叶片颜色浅,株高48厘米,叶柄短,叶片数40片;块根圆锥形,青头小,根沟浅,根皮白色,根肉浅黄色;采种株以多枝型为主,母本无花粉,父本花粉量大;结实密度2粒/厘米~3粒/厘米,种子千粒重9克~12克。耐根腐病,抗丛根病、褐斑病。2020年呼兰病地根产量2965千克/亩,含糖率10.6%。

栽培技术要点：适于机械化精量点播（播种深度因地制宜,建议不超过2.5厘米）,并适于纸筒育苗栽培,选择肥力较好的地块种植,每亩保苗数7000株~8000株。每亩施用农家肥1000千克、磷酸二铵16千克,氮肥在8片叶面施肥,N∶P∶K比例为1∶1∶0.5。实行三铲三趟（机械化中耕）作业,苗期缺水时及时喷灌。轮作倒茬,及时喷灌,严控氮肥使用量,杜绝大水漫灌。注意施用硼肥,减少心腐病的发生。适时早播,每亩收获数不低于5000株,秋季深翻地,实行5年以上大区轮作。根据品种特点,可采用机械化收获,且及时起收、堆放、保管。播种前用拌种剂拌种,注意防治立枯病、跳甲等苗期病虫害。适当密植,提高产、质量同时更适宜机械收获。种子为醒芽处理的杂交一代,不能留至第二年种植。

适宜种植区域及季节：适宜在新疆、黑龙江、内蒙古、甘肃和河北种植;适宜3月上旬至5月上旬种植。

典型叶片

根部性状

品种名称：HI1003

登记编号：GPD 甜菜（2018）230098

作物种类：甜菜

申请者：丹麦麦瑞博西索科有限公司哈尔滨代表处

品种来源：MS-310×POLL-0103

特征特性：标准型。叶丛半直立，繁茂期叶片舌形，叶片绿色，株高 52 厘米~56 厘米，叶柄中，叶片数 39 片~41 片；块根圆锥形，青头小，根沟浅，根皮白色，根肉白色；采种株以多枝型为主，花粉量大；结实密度 20 粒/10 厘米~30 粒/10 厘米，种子千粒重 10 克~12 克。抗根腐病、褐斑病，耐丛根病。2020 年呼兰病地根产量 3035 千克/亩，含糖率 11%。

栽培技术要点：适于机械化精量点播（播种深度因地制宜，建议不超过 2.5 厘米），并适于纸筒育苗栽培，选择肥力较好的地块种植，每亩保苗数 7000 株~8000 株。每亩施用农家肥 1000 千克、磷酸二铵 16 千克，氮肥在 8 片叶面施肥，N∶P∶K 比例为 1∶1∶0.5。实行三铲三趟机械化中耕作业，苗期缺水时及时喷灌。轮作倒茬，及时喷灌，严控氮肥使用量，杜绝大水漫灌。注意施用硼肥，减少心腐病的发生。适时早播，每亩收获数不低于 5000 株，秋季深翻地，实行 5 年以上大区轮作。根据品种特点，可采用机械化收获，且及时起收、堆放、保管。播种前用拌种剂拌种，注意防治立枯病、跳甲等苗期病虫害。适当密植，提高产、质量同时更适宜机械收获。种子为醒芽处理的杂交一代，不能留至第二年种植。

适宜种植区域及季节：适宜在新疆、黑龙江、内蒙古、甘肃和河北种植；适宜 3 月上旬至 5 月上旬种植。

典型叶片

根部性状

品种名称：HI1059

登记编号：GPD 甜菜（2018）230099

作物种类：甜菜

申 请 者：丹麦麦瑞博西索科有限公司哈尔滨代表处

品种来源：MS-057×POLL-0402

特征特性：标准型。叶丛直立,繁茂期叶片舌形,叶片深绿色,株高 50 厘米~54 厘米,叶柄中,叶片数 37 片~40 片;块根圆锥形,青头小,根沟浅,根皮白色,根肉白色;采种株以多枝型为主,花粉量大;结实密度 21 粒/10 厘米~32 粒/10 厘米,种子千粒重 10 克~13 克。抗根腐病、丛根病、褐斑病。2020 年呼兰病地根产量 2520 千克/亩,含糖率 8.8%。

栽培技术要点：适于机械化精量点播（播种深度因地制宜,建议不超过 2.5 厘米）,并适于纸筒育苗栽培,选择肥力较好的地块种植,每亩保苗数 7000 株~8000 株。每亩施用农家肥 1000 千克、磷酸二铵 16 千克,氮肥在 8 片叶面施肥,N∶P∶K 比例为 1∶1∶0.5。实行三铲三趟机械化中耕作业,苗期缺水时及时喷灌。轮作倒茬,及时喷灌,严控氮肥使用量,杜绝大水漫灌。注意施用硼肥,减少心腐病的发生。适时早播,每亩收获数不低于 5000 株,秋季深翻地,实行 5 年以上大区轮作。根据品种特点,可采用机械化收获,且及时起收、堆放、保管。播种前用拌种剂拌种,注意防治立枯病、跳甲等苗期病虫害。适当密植,提高产、质量同时更适宜机械收获。种子为醒芽处理的杂交一代,不能留至第二年种植。

适宜种植区域及季节：适宜在新疆、黑龙江、内蒙古、甘肃和河北种植;适宜 3 月上旬至 5 月上旬种植。

典型叶片

根部性状

品种名称：H809

登记编号：GPD 甜菜（2018）110044

作物种类：甜菜

申 请 者：荷兰安地国际有限公司北京代表处　北大荒垦丰种业股份有限公司

品种来源：SVDH MS2540×SVDH POL4772

特征特性：标准型。二倍体遗传单胚型雄性不育品种；发芽势强，出苗快，苗期生长势强，叶片功能期长，叶丛半直立，叶片舌形；根冠比例协调，株型紧凑，块根圆锥形，根头小，根沟浅，根皮光滑。耐根腐病、褐斑病、丛根病。2020 年呼兰病地根产量2199 千克/亩，含糖率9.9%。

栽培技术要点：应 5 年以上轮作，生产田应秋季深翻，确保土壤肥沃、持水性好，地形应易于排涝。根据土壤及气候的具体条件，一般育苗移栽每亩保苗数 5500 株，机械化直播以每亩保苗数 6000 株为宜。以农家肥与化肥配合使用为好，适量增施镁元素和硼、锌等微量元素。化肥以底肥、种肥、追肥分期施入，追施氮肥时间不能晚于 8 片真叶期。严禁在重茬种植，合理轮作。多施磷肥、钾肥。适当控制灌水次数，避免大水多灌。

适宜种植区域及季节：适宜在内蒙古、黑龙江和吉林种植；适宜 4 月上旬至 5 月上旬种植。

典型叶片

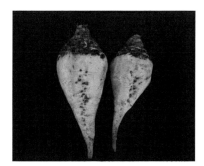

根部性状

品种名称：KWS1176

登记编号： GPD 甜菜（2018）110072

作物种类： 甜菜

申 请 者： 北京科沃施农业技术有限公司

品种来源： KWSMS9266×KWSP9082

特征特性： 标准型。苗期发育快，生长势强，叶片功能期长，繁茂期叶片犁铧形，叶丛半直立，叶柄长短宽窄适中；块根圆锥形，根皮白色，根头较小，根沟较浅，根形整齐。耐根腐病、褐斑病，抗丛根病。2020 年呼兰病地根产量 2720 千克/亩，含糖率 11.1%。

栽培技术要点： 制定合理的轮作制度，确保轮作年限，避免重茬、迎茬。应根据各地降雨量、气温变化情况、土壤温度及土壤墒情适时早播，争取一次播种保全苗。适宜大面积机械化精量点播，种植密度以每亩保苗数 5500 株~6500 株为宜。精细整地，合理施肥。氮肥、磷肥、钾肥应合理搭配，有些地区还应注意微肥，特别是硼肥的施用。及时进行田间管理，预防和控制病、虫、草害的发生。根据各地的气温变化情况适时晚收，以提高含糖率。

适宜种植区域及季节： 适宜在黑龙江、内蒙古、新疆、甘肃、河北、吉林种植；适宜 3 月上旬至 5 月上旬种植。

典型叶片

根部性状

品种名称：KWS4502

登记编号：GPD 甜菜（2018）110109

作物种类：甜菜

申 请 者：北京科沃施农业技术有限公司

品种来源：1JF1759×1S_1103

特征特性：丰产型。生长势旺盛，早期发育快，出苗整齐，植株半直立，叶丛繁茂，叶片窄卵形，叶片绿色，叶面较平展，叶柄较长；块根圆锥形，根皮白色，根沟较浅。耐根腐病、褐斑病，抗丛根病。2020 年呼兰病地根产量 4404 千克/亩，含糖率 10.4%。

栽培技术要点：应根据各地气候、气温、土壤温度及降雨量情况适时早播。播种深度 2 厘米~3 厘米，播种密度每亩保苗数 6000 株~6500 株，可以适当密植以确保每亩最低收获数不低于 5500 株。施肥时应注意氮肥、磷肥、钾肥的合理搭配，个别地区需要考虑补充微量元素，如硼、镁等。注意控制氮肥的施用总量，避免出现植株徒长。整个生长期要预防病、虫、草害，一旦发生要及时药剂防治。收获时应适时晚收，以提高含糖率。

适宜种植区域及季节：适宜在黑龙江、内蒙古、河北、新疆、山西、宁夏、吉林种植；适宜 3 月上旬至 5 月上旬种植。

典型叶片

根部性状

品种名称：KWS9147

登记编号：GPD 甜菜（2018）110071

作物种类：甜菜

申 请 者：北京科沃施农业技术有限公司

品种来源：KWSMS9351×KWSP8907

特征特性：丰产型。幼苗生长旺盛，繁茂期叶片犁铧形，叶柄短，叶片绿色，叶丛直立，功能叶片寿命长；块根纺锤形，根皮白净，根肉白色，根沟浅。耐根腐病、褐斑病，抗丛根病。2020 年呼兰病地根产量 1917 千克/亩，含糖率 9.8%。

栽培技术要点：宜在中性或偏碱性土壤上种植，地势以平川或平岗地为宜。应根据各地降雨量、气温变化、土壤温度及墒情适时早播，争取一次播种保全苗。4 年以上的轮作，避免重茬、迎茬。适宜密植，每亩保苗数 6500 株以上，每亩最佳收获数不低于5800 株。施肥时注意氮肥、磷肥、钾肥合理配合使用，适当增加磷肥和钾肥的比例，同时注重钙肥、镁肥、硫肥的施用，防止氮素过多而引起的茎叶徒长，生育后期控制灌水。注重微量元素，特别是硼肥的施用，以提高产量与品质。夏、秋大雨季节注意预防叶部病害。应根据各地的气温变化情况适时晚收，以提高含糖率。

适宜种植区域及季节：适宜在内蒙古、黑龙江、河北、甘肃、新疆、吉林春季种植；适宜3 月上旬至 5 月上旬种植。

典型叶片

根部性状

品种名称：KWS1197

登记编号：GPD 甜菜（2018）110075

作物种类：甜菜

申 请 者：北京科沃施农业技术有限公司

品种来源：KWSMS9839×KWSP9057

特征特性：高糖型。苗期发育快，生长势强，叶片功能期长，繁茂期叶片犁铧形，叶丛直立，株高58厘米，叶片长短宽窄适中；块根圆锥形，根皮白色，根头较小，根沟较浅，根形整齐。耐根腐病、褐斑病，抗丛根病。2020年呼兰病地根产量4288千克/亩，含糖率10.9%。

栽培技术要点：4年以上的轮作，避免重茬、迎茬，不适宜在重度盐碱地种植。适宜在中性或偏碱性土壤上种植，地势以平川或平岗地为宜。直播或纸筒育苗，每亩保苗数7000株，每亩最佳收获数不低于6000株。建议播种时一次性施入甜菜专用肥40千克、磷酸二铵10千克、钾肥10千克，三者掺匀施用，不提倡追肥。一般每亩氮肥应控制在5千克（以纯氮计）左右，氮肥、磷肥、钾肥合理配合使用，适当增加磷肥和钾肥的比例，同时注重钙肥、镁肥、硫肥的施用，防止氮素过多而引起的茎叶徒长，生育后期控制灌水。同时，要注重微量元素，特别是硼肥的施用，防止甜菜心腐病，以提高产量与品质。生长期应及时进行田间管理，生育期间及时铲除杂草，生育中后期注意甜菜褐斑病、草地螟等病虫害的防治。

适宜种植区域及季节：适宜在河北、甘肃、内蒙古、黑龙江、新疆、吉林种植；适宜3月上旬至5月上旬种植。

典型叶片

根部性状

品种名称：MA097

登记编号：GPD 甜菜（2017）230012

作物种类：甜菜

申 请 者：黑龙江北方种业有限公司

品种来源：M-020×P2-33

特征特性：标准型。单胚二倍体甜菜品种；幼苗期胚轴颜色为红色，繁茂期叶片舌形，叶片深绿色，叶丛直立，株高 58 厘米，叶柄 1.8 厘米，叶片数 24 片；块根圆锥形，根头小，根沟浅，根皮黄白色，根肉白色；结实密度 20 粒/10 厘米~30 粒/10 厘米，种子千粒重 9 克~11 克。抗根腐病、褐斑病，耐丛根病。2020 年呼兰病地根产量 2336 千克/亩，含糖率 11%。

栽培技术要点：避开低洼地以防根腐病发生。必须实行 4 年以上的大区轮作，秋季深翻地，严禁在重茬及有长效残留性农药地块种植。该品种为遗传单粒种，适合机械化精量点播和纸筒育苗移栽。根据土壤和气候具体情况而定，每公顷保苗数 7.5 万株，机械化直播以每公顷保苗数 8 万株为宜。选用杀菌剂或杀虫剂拌种，防治苗期立枯病和跳甲、象甲等害虫，中后期着重防治甘蓝夜蛾和草地螟。适时防治褐斑病，确保高产、高糖。保护好功能叶片。

适宜种植区域及季节：适宜在黑龙江（哈尔滨、齐齐哈尔、绥化、佳木斯、牡丹江、黑河）、内蒙古、河北、辽宁种植；适宜 4 月下旬至 5 月上旬种植，10 月上旬霜冻前收获。

典型叶片

根部性状

品种名称：MA104

登记编号：GPD 甜菜（2017）230015

作物种类：甜菜

申 请 者：丹麦麦瑞博国际种业有限公司哈尔滨代表处

品种来源：M-020×P2-69

特征特性：标准型。繁茂期叶片犁铧形，叶片深绿色，叶丛斜立，株高46厘米~50厘米，叶柄较细，叶片数25片~30片；块根圆锥形，根头小，根沟浅，根皮白色，根肉浅黄色；采种株以多枝型为主，母本无花粉，父本花粉量大；结实密度20粒/10厘米~30粒/10厘米，种子千粒重10克~12克。抗根腐病、褐斑病，耐丛根病。2020年呼兰病地根产量449千克/亩，含糖率9.7%。

栽培技术要点：4年以上的轮作，避免重茬、迎茬，不适宜在重度盐碱地种植。适宜在中性或偏碱性土壤上种植，地势以平川或平岗地为宜。直播或纸筒育苗，每亩保苗数7000株，每亩最佳收获数不低于6000株。建议播种时一次性施入甜菜专用肥40千克、磷酸二铵10千克、钾肥10千克，三者掺匀施用，不提倡追肥。一般每亩氮肥应控制在5千克（以纯氮计）左右，氮肥、磷肥、钾肥合理配合使用，适当增加磷肥和钾肥的比例，同时注重钙肥、镁肥、硫肥的施用，防止氮素过多而引起的茎叶徒长，生育后期控制灌水。同时，要注重微量元素，特别是硼肥的施用，防止甜菜心腐病，以提高产量与品质。生长期应及时进行田间管理，生育期间及时铲除杂草，生育中后期注意甜菜褐斑病、草地螟等病虫害的防治。

适宜种植区域及季节：适宜在河北、甘肃、内蒙古、黑龙江、新疆、吉林种植；适宜3月上旬至5月上旬种植。

典型叶片

根部性状

品种名称：MA3005

登记编号：GPD 甜菜（2017）230016

作物种类：甜菜

申 请 者：丹麦麦瑞博国际种业有限公司哈尔滨代表处

品种来源：M-027×P2-36

特征特性：丰产型。单胚种；幼苗期胚轴颜色为红色，叶丛直立，叶片舌形，叶片绿色；块根圆锥形，黄白色根皮，根肉白色，根沟浅；结实密度 20 粒/10 厘米~30 粒/10 厘米，种子千粒重 9 克~11 克。抗根腐病、褐斑病、丛根病。2020 年呼兰病地根产量 3124 千克/亩，含糖率 8.2%。

栽培技术要点：宜选择 4 年以上轮作倒茬、肥力中等偏上的地块种植，地势平整，排涝性好，实行秋耕冬灌。在早春的土地处理过程中，要求大力深耕，达到"齐、平、松、碎、墒、净"六字标准。根据当地气候特点，适时早播以延长生育期、提高产量。由于甜菜抵抗低温的能力较强，当地面化冻达 5 厘米时即可播种。在保墒的前提下，播种深度原则上尽量浅，利于出苗。苗期显行后，1 对真叶至 2 对真叶期间结束定苗工作，勤培土，封严苗穴和破膜处，防止跑温、跑墒。当遇到灾害性天气或虫灾，可适当晚定苗，保证保苗株数。中耕 3 次~4 次，8 叶一心至 10 片叶时，结束揭膜工作，并及时除草，喷洒农药。秋耕冬灌或春整地过程中，每公顷施三料磷肥 15 千克、尿素 15 千克、硫酸钾 15 千克作为基肥，有条件施有机肥 3 千克~4 千克。播种时，每公顷带 3 千克~5 千克磷酸二铵做种肥，肥料和种子分开施用。保护好功能叶片。

适宜种植区域及季节：适宜在内蒙古、新疆、河北、辽宁、黑龙江（哈尔滨、齐齐哈尔、佳木斯、牡丹江、黑河）种植；适宜春季种植。

典型叶片

根部性状

品种名称:MA3001

登记编号: GPD 甜菜(2017)230014

作物种类: 甜菜

申 请 者: 丹麦麦瑞博国际种业有限公司哈尔滨代表处

品种来源: M-020×P2-35

特征特性: 丰产型。单胚种;幼苗期胚轴颜色为红色,叶丛直立,叶片舌形,叶片绿色;块根圆锥形,黄白色根皮,根肉白色,根沟浅;结实密度 20 粒/10 厘米~30 粒/10 厘米,种子千粒重 9 克~11 克。抗根腐病、褐斑病、丛根病。2020 年呼兰病地根产量 1593 千克/亩,含糖率 10.4%。

栽培技术要点: 宜选择 4 年以上轮作倒茬、肥力中等偏上的地块种植,地势平整,排涝性好,实行秋耕冬灌。在早春的土地处理过程中,要求大力深耕,达到"齐、平、松、碎、墒、净"六字标准。根据当地气候特点,适时早播以延长生育期、提高产量。由于甜菜抵抗低温的能力较强,当地面化冻达 5 厘米时即可播种。在保墒的前提下,播种深度原则上尽量浅,利于出苗。苗期显行后,1 对真叶至 2 对真叶期间结束定苗工作,勤培土,封严苗穴和破膜处,防止跑温、跑墒。当遇到灾害性天气或虫灾,可适当晚定苗,保证保苗株数。中耕 3 次~4 次,8 叶一心至 10 片叶时,结束揭膜工作,并及时除草,喷洒农药。秋耕冬灌或春整地过程中,每公顷施三料磷肥 15 千克、尿素 15 千克、硫酸钾 15 千克作为基肥,有条件施有机肥 3 吨~4 吨。播种时,每公顷带 3 千克~5 千克磷酸二铵做种肥,肥料和种子分开施用。保护好功能叶片。

适宜种植区域及季节: 适宜在内蒙古、新疆、河北、辽宁、黑龙江(哈尔滨、齐齐哈尔、佳木斯、牡丹江、黑河)种植;适宜春季种植。

典型叶片

根部性状

品种名称：MA2070

登记编号：GPD 甜菜（2017）230013

作物种类：甜菜

申 请 者：丹麦麦瑞博西索科有限公司哈尔滨代表处

品种来源：M-026×P2-35

特征特性：标准型。单胚种；幼苗期胚轴颜色为红色，叶丛直立，叶片舌形，叶片绿色；块根圆锥形，黄白色根皮，根肉白色，根沟浅；结实密度20粒/10厘米~30粒/10厘米，种子千粒重9克~11克。耐根腐病，抗褐斑病、丛根病。2020年呼兰病地根产量2020千克/亩，含糖率9.4%。

栽培技术要点：宜选择4年以上轮作倒茬、肥力中等偏上的地块种植，地势平整，排涝性好，实行秋耕冬灌。在早春的土地处理过程中，要求大力深耕，达到"齐、平、松、碎、墒、净"六字标准。根据当地气候特点，适时早播以延长生育期、提高产量。由于甜菜抵抗低温的能力较强，当地面化冻达5厘米时即可播种。在保墒的前提下，播种深度原则上尽量浅，利于出苗。苗期显行后，1对真叶至2对真叶期间结束定苗工作，勤培土，封严苗穴和破膜处，防止跑温、跑墒。当遇到灾害性天气或虫灾，可适当晚定苗，保证保苗株数。中耕3次~4次，8叶一心至10片叶时，结束揭膜工作，并及时除草，喷洒农药。秋耕冬灌或春整地过程中，每公顷施三料磷肥15千克、尿素15千克、硫酸钾15千克作为基肥，有条件施有机肥3吨~4吨。播种时，每公顷带3千克~5千克磷酸二铵做种肥，肥料和种子分开施用。保护好功能叶片。

适宜种植区域及季节：适宜在内蒙古、新疆种植；适宜4月下旬至5月上旬种植。

典型叶片

根部性状

品种名称：BETA240

登记编号：GPD 甜菜（2017）110008

作物种类：甜菜

申　请　者：北京金色谷雨种业科技有限公司

品种来源：BTSMS91039× BTSP93123

特征特性：丰产型。根叶比例高，苗期发育快，生长势强，叶片功能期长，繁茂期叶片犁铧形，叶丛斜立，叶柄长短宽窄适中；块根圆锥形，根皮白净，根头较小，根沟较浅，根形整齐，平均含糖率 15.8%。耐根腐病、褐斑病、丛根病。2020 年呼兰病地根产量 1639 千克/亩，含糖率9%。

栽培技术要点：适时早播，争取一次播种保全苗。适宜密植，每公顷保苗数应在 82500 株以上。适宜在中性或偏碱性土壤上种植，地势以平川或平岗地为宜。合理轮作，避免重茬、迎茬。氮肥、磷肥、钾肥合理搭配，有些地区还应注意微肥，特别是硼肥的施用。控制过量施用氮肥，常规情况下 6 月中旬后不再追施氮肥。应根据各地的气温变化情况适时晚收，以提高含糖率。

适宜种植区域及季节：适宜在新疆、内蒙古、甘肃、黑龙江、河北种植；适宜 3 月上旬至 5 月上旬种植。

典型叶片

根部性状

品种名称：PJ1

登记编号：GPD 甜菜（2018）230021

作物种类：甜菜

申 请 者：黑龙江北方种业有限公司

品种来源：KuhnM-977×KuhnP-9912

特征特性：标准型。多胚二倍体品种；幼苗期胚轴颜色为绿色和红色混合，繁茂期叶片舌形，叶片深绿色，叶丛半直立，株高45厘米~50厘米，叶柄长短适中，叶片数30片左右；块根圆锥形，根头小，根沟浅，根皮白色，根肉浅黄色；采种株以多枝型为主，花粉量大；结实密度2粒/厘米~3粒/厘米，种子千粒重15克~18克。抗根腐病、褐斑病，无丛根病。2020年呼兰病地根产量1765千克/亩，含糖率9.5%。

栽培技术要点：该品种适于人工直播、点播或气吸式机械播种，应根据当地降雨、气温变化、土壤温度及土壤墒情适时早播，争取一次播种保全苗；种植密度每公顷保苗数7万株~9万株；秋季深翻地，实行5年以上大区轮作，避免重茬、迎茬，需避开低洼地以防根腐病发生；多施厩肥、堆肥或绿肥，同时配合施用磷肥、钾肥和微肥，控制过量施用氮肥。加强田间管理，及时防治病虫害。要根据当地气温变化适时晚收，以提高含糖率。

适宜种植区域及季节：适宜在黑龙江（哈尔滨、齐齐哈尔、佳木斯、绥化、牡丹江、黑河）、内蒙古（东部）、辽宁种植；适宜4月下旬至5月上旬种植。

典型叶片

根部性状

品种名称:爱丽斯

登记编号: GPD 甜菜(2018)230024

作物种类: 甜菜

申请者: 黑龙江北方种业有限公司

品种来源: MS 3250×POL 7352

特征特性: 丰产型。多胚二倍体品种;幼苗期胚轴颜色为绿、红色(概率各为50%),繁茂期叶片舌形,叶片深绿色,叶丛半直立,株高53厘米,叶柄长短适中,叶片数26片~30片;块根圆锥形,根头小,根沟浅,根皮白色,根肉浅黄色;采种株以多枝型为主,花粉量大;结实密度23粒/厘米,种子千粒重15克~18克,块根含糖率14.5%~16.4%。抗褐斑病、丛根病,耐根腐病。2020年呼兰病地根产量1323千克/亩,含糖率9%。

栽培技术要点: 选择中等肥力地块种植,采用机械或人工播种栽培方式,每公顷保苗数7.5万株~10万株。底肥、种肥85%,追肥15%。每公顷施氮肥150千克~195千克、磷肥120千克~150千克、钾肥165千克~210千克、镁肥45千克~60千克。避开低洼地以防根腐病发生。必须实行5年以上的大区轮作,秋季深翻地,严禁在重茬及有长效残留性农药地块种植。适时进行田间管理,1对真叶疏苗,2对真叶间苗,3对真叶定苗,生育中期三铲三趟,防治病虫草害,后期及时拔除大草,适时晚收。

适宜种植区域及季节:适宜在黑龙江(哈尔滨、齐齐哈尔、牡丹江、绥化)、辽宁、内蒙古(东部)种植;适宜在4月下旬至5月上旬种植。

典型叶片

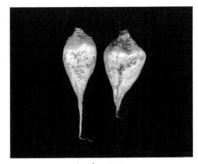

根部性状

品种名称：KUHN8062

登记编号：GPD 甜菜（2018）230025

作物种类：甜菜

申 请 者：黑龙江北方种业有限公司

品种来源：Kuhn Ms5641×Kuhn Pol9980

特征特性：标准型。多胚二倍体品种；苗期胚轴颜色为绿色和红色混合，繁茂期叶片舌形，叶片深绿色，叶丛半直立，株高 45 厘米~50 厘米，叶柄长短适中，叶片数 30 片左右；块根圆锥形，根头小，根沟浅，根皮白色，根肉浅黄色；采种株以多枝型为主，花粉量大；结实密度 2 粒/厘米~3 粒/厘米，种子千粒重 15 克~18 克，含糖率 15.8%~16.2%。抗根腐病、褐斑病，无丛根病。2020 年呼兰病地根产量 1422 千克/亩，含糖率 9.4%。

栽培技术要点：选择中等肥力地块种植，采用机械或人工播种方式，每公顷保苗数 7 万株。秋季深翻地，实行 5 年以上大区轮作，避免重茬、迎茬，避开低洼地以防根腐病发生。底肥、种肥 85%，追肥 15%。适时进行田间管理，1 对真叶疏苗，2 对真叶间苗，3 对真叶定苗，生育中期三铲三耥，防治病虫草害，后期及时拔除大草，适时晚收。

适宜种植区域及季节：适宜在黑龙江（齐齐哈尔、绥化、牡丹江、黑河）、内蒙古（东部）种植；适宜 4 月下旬至 5 月上旬种植。

典型叶片

根部性状

品种名称：LN90910

登记编号：GPD 甜菜（2018）620016

作物种类：甜菜

申 请 者：张掖市金宇种业有限责任公司

品种来源：CQM10DM78.2×RMSF10B

特征特性：丰产型、高糖型。多粒杂交种；从播种到收获 190 天左右，出苗快，保苗率高，生长势强，整齐度高，株高 50 厘米~60 厘米，叶柄短，叶片犁铧形，叶片深绿色，叶丛紧凑，适宜密植；块根圆锥形，根体较光滑，根沟浅，根头小，根皮白色，根肉白色。第 1 生长周期含糖率 16.8%，比对照含糖率高 1%；第 2 生长周期含糖率 17%，比对照含糖率高 1%。耐根腐病、丛根病，抗褐斑病。2020 年呼兰病地根产量 561 千克/亩，含糖率 9.5%。

栽培技术要点：播种前选择质量达到国家颁布的二级以上标准的甜菜良种；亩播种量 0.5 千克~1 千克；选用 2BMK 型 3 行甜菜播种机，将播种机株行距配置为（18 厘米~24 厘米）×50 厘米，播种深度 2 厘米~3 厘米，即可进行播种。播种前每亩施有机肥 4000 千克、尿素 20 千克、磷二铵 30 千克、硫酸钾 15 千克，结合整地翻入土中作为基肥，浇头水前 2 天~3 天，结合开沟培土，每亩施甜菜专用肥 75 千克。黑膜全膜覆盖，地膜选择厚度 0.008 毫米以上、幅宽 120 厘米的黑膜，种植前采用人工覆膜或机械覆膜，膜间距 35 厘米~40 厘米，要求膜面拉紧、平整，播行笔直，膜中央每隔 5 米压一条土线以防大风揭膜。适时播种，合理密植，甜菜最佳营养面积是 1000 厘米~1250 厘米，适宜密度为每亩保苗数 6000 株~7500 株。

适宜种植区域及季节：适宜在甘肃（武威、张掖、酒泉等地）种植；适宜春季种植。

典型叶片

根部性状

品种名称：甘糖7号

登记编号：GPD 甜菜（2018）620079

作物种类：甜菜

申 请 者：武威三农种业科技有限公司

品种来源：MS2007－2A×P2007

特征特性：丰产偏高糖型。中晚熟品种，雄性不育多粒二倍体杂交种；生育期175天，叶丛半斜立，平均高度62厘米，叶片柳叶形，叶柄长，叶片深绿色；块根圆锥形，根皮白色，根肉白色，根沟浅；水分80.7%，总糖739克/千克（干基），粗蛋白33.8克/千克（干基），粗纤维58.3克/千克（干基），粗灰分35.9克/千克（干基），全钙1.73克/千克（干基）；二年生采种植株，株高1.5米~1.7米，结实部位在60厘米以上，多为混合枝型，种球直径2.3毫米以上，千粒重25克~27克，种球饱满，种子发芽率高。耐根腐病，抗褐斑病、丛根病。2020年呼兰病地根产量2101千克/亩，含糖率8.8%。

栽培技术要点：每亩保苗数6000株；每亩施甜菜专用肥40千克、磷酸二铵10千克、钾肥10千克，一次性施入；选地势平坦、4年以上轮作的地块种植，该品种不适宜在重度盐碱地、重茬、迎茬地种植；播种前使用杀虫剂和杀菌剂拌种，7月~8月田间喷杀虫剂防治害虫。

适宜种植区域及季节：适宜在甘肃（武威、张掖、酒泉）种植；适宜在3月下旬至4月上旬种植。

典型叶片

根部性状

品种名称：CH0612

登记编号：GPD 甜菜（2018）230053

作物种类：甜菜

申 请 者：北大荒垦丰种业股份有限公司

品种来源：MSBCL-8×PC28

特征特性：标准型。二倍体遗传多胚标准型品种；幼苗期胚轴颜色为绿色，繁茂期叶片舌形，叶片深绿色，叶丛半直立，株高 53 厘米~58 厘米，叶柄长短适中，叶片数 40 片左右；块根圆锥形，青头小，根沟浅，根皮白色，根肉浅黄色；采种株以多枝型为主，花粉量大；结实密度 20 粒/10 厘米~30 粒/10 厘米，种子千粒重 23 克~26 克。耐根腐病、丛根病，抗褐斑病。2020 年呼兰病地根产量 1669 千克/亩，含糖率 11.5%。

栽培技术要点：该品种适宜采取机械精密播种，选择中上等土壤肥力地块种植，采用直播栽培方式。根据土壤和气候的具体情况而定，一般每亩保苗数 5000 株~5500 株。适宜气吸式播种机精量点播，行距 60 厘米，株距 23 厘米~25 厘米，播深不超过 3 厘米。实行 5 年以上的大区轮作，秋季深翻地，严禁在重茬及有残留性农药地块种植，避开低洼地块种植，以防根腐病发生。秋起垄夹肥为主，每亩施肥量 30 千克~40 千克，每亩纯氮应控制在 8 千克，$N：P_2O_5：K_2O$ 比例为 1.1：1：0.5，追施氮肥时间不能晚于 8 片真叶期。

适宜种植区域及季节：适宜在黑龙江、内蒙古、新疆、河北、山西种植；适宜 4 月下旬至 5 月上旬种植，10 月上旬霜冻前收获。

典型叶片

根部性状

品种名称：KUHN814

登记编号：GPD 甜菜（2018）110058

作物种类：甜菜

申 请 者：荷兰安地国际有限公司北京代表处

品种来源：MSBc1×MSF1

特征特性：标准型。苗期生长旺盛,发芽势强,出苗快而整齐,叶丛半直立,生长中期叶丛繁茂,叶片舌形,中等大小,叶柄较短,叶片功能期长;块根圆锥形,根皮白色,根肉白色,青头较小,根沟浅。耐根腐病、褐斑病,抗丛根病。2020 年呼兰病地根产量1851 千克/亩,含糖率8.3%。

栽培技术要点：5 年以上轮作,生产田应秋季深翻,确保土壤肥沃、持水性好,地形应易于排涝。根据土壤及气候的具体条件,一般育苗移栽每亩保苗数 5500 株,机械化直播以每亩保苗数 6000 株为宜,每亩最佳收获数应不低于 5000 株。以农家肥与化肥配合使用为好,每公顷施氮肥、磷肥、钾肥 450 千克以上,推荐 N：P：K 比例为 1：(1~1.2)：0.6,适量增施镁元素和硼、锌等微量元素。化肥以底肥、种肥、追肥分期施入,追施氮肥时间不能晚于 8 片真叶期。

适宜种植区域及季节:适宜在内蒙古和新疆种植;适宜春季种植。

典型叶片

根部性状

品种名称：新甜 15 号

登记编号：GPD 甜菜（2018）650081

作物种类：甜菜

申 请 者：新疆农业科学院经济作物研究所

品种来源：7208-2×B63

特征特性：丰产型。幼苗顶土能力强，出苗快且整齐，保苗率高，生长势强，叶片绿色；块根圆锥形，根冠较小，根沟较浅，根体光滑，生育期 170 天~180 天，属于中晚熟丰产品种；一般产量 3400 千克/亩~5300 千克/亩，两年生种株抽薹，结实率高，株型紧凑，结实部位适中，结实密度大，种子千粒重 18 克~20 克。耐根腐病、褐斑病、丛根病，适应范围广。2020 年呼兰病地根产量 965 千克/亩，含糖率 9.6%。

栽培技术要点：该杂交种适宜密植，肥力上等地块每亩保苗数 5000 株~5500 株，秋翻地可每亩施二铵、尿素 15 千克，生长期可根据长势情况追施二铵、尿素 20 千克~25 千克，全生育期浇水 5 次~7 次，但收获前 15 天~20 天必须停水，为丰产高糖创造条件，10 月中旬可适期收获。种子繁殖建议采用夏播方式培育母根，母根要适期早栽，种株抽薹 15 厘米~20 厘米时，打掉主薹，以增加有效花枝和种子产量。

适宜种植区域及季节：适宜在新疆种植；适宜春季种植。

典型叶片

根部性状

品种名称：新甜 14 号

登记编号：GPD 甜菜（2018）650080

作物种类：甜菜

申　请　者：新疆农业科学院经济作物研究所

品种来源：M9304×（Z-6+7267）

特征特性：高糖型。出苗快，易保苗，生长势强，整齐度好，株高中等，叶丛直立，叶片绿色，叶缘中波，叶片犁铧形；块根圆锥形，根冠小，根沟浅，根体光滑，根肉白色；平均亩产 4824 千克，平均含糖率 16.66%，生育期 176 天左右，属中晚熟偏高糖抗（耐）病甜菜品种，二年生种株抽薹结实率高，株型紧凑，结实部位适中，结实密度大，种子千粒重 19 克～22 克。抗根腐病，耐褐斑病，中抗丛根病。2020 年呼兰病地根产量 1972 千克/亩，含糖率 9.5%。

栽培技术要点：适期早播，选择土壤肥沃、地势平坦、4 年以上轮作的地块种植。适宜密植，以每亩保苗数 5000 株～5500 株为宜。生育期适时灌水，以满足甜菜生长需要，生长后期注意控制浇水，以提高含糖率。5 月中旬至 8 月上旬及时防治三叶草夜蛾、甘蓝夜蛾。在棉花产区种植甜菜应及时防治红蜘蛛。制种比例：该杂交组合为雄性不育多粒杂交种，按父母本 2∶6 相间种植。母根收获前，拔除畸形株及病株，采种田在开花前和收获前拔除畸形株、劣株、病株。

适宜种植区域及季节：适宜在新疆种植；适宜 3 月中下旬至 4 月上旬种植。

典型叶片

根部性状

品种名称：Elma1214

登记编号：GPD 甜菜（2018）150078

作物种类：甜菜

申 请 者：内蒙古景琪种子科技有限公司

品种来源：SI2.26×RM77.20.2

特征特性：丰产型。多粒种；该品种叶丛直立，叶片犁铧形，叶片绿色；块根楔形，根皮白色，根肉白色，根沟浅，根头小，性状稳定，对土壤肥力及环境条件要求不严，适应性广。耐根腐病、褐斑病，抗丛根病。2020 年呼兰病地根产量 970 千克/亩，含糖率 7.7%。

栽培技术要点：每亩保苗数 5000 株~6000 株。以秋施肥起垄为主，每公顷施肥量 500 千克~600 千克，每亩纯氮应控制在 8 千克，N：P_2O_5：K_2O 比例为 1.2：1：0.4，追施氮肥时间不能晚于 8 片真叶期。适当增加磷肥和钾肥以提高甜菜抗病力并提高含糖率。缺硼地区必须配合基施或喷施硼肥。实行三铲三趟（机械中耕），确保土壤通气、透水，根据气温变化适时晚收，以便提高含糖率。

适宜种植区域及季节：适宜在内蒙古种植；适宜 4 月 10 日至 5 月 5 日种植。

典型叶片

根部性状

品种名称：KWS9442

登记编号：GPD 甜菜（2018）110073

作物种类：甜菜

申 请 者：北京科沃施农业技术有限公司

品种来源：KWSMS9326×KWSP8840

特征特性：标准型。根叶比较高，苗期发育快，生长势强，叶片功能期长，叶丛斜立，叶片绿色，大小适中，叶柄短窄，繁茂期叶片数 38 片~46 片；块根圆锥形，根皮白净，根头较小，根沟较浅，根形整齐。耐根腐病、褐斑病，抗丛根病。2020 年呼兰病地根产量 2164 千克/亩，含糖率 9.7%。

栽培技术要点：选择中等肥力地块种植。应根据降雨量、土壤温度及墒情，适时早播。合理密植，每亩最佳收获数应不低于 5500 株。施肥时应氮肥、磷肥、钾肥合理搭配，基肥、种肥、追肥合理搭配，常规情况下 6 月中旬后不再追施氮肥。有些地区还应注意微肥，特别是硼肥的施用。应根据气温变化适时晚收，以提高含糖率。

适宜种植区域及季节：适宜在内蒙古、黑龙江和甘肃种植；适宜 4 月上旬至 5 月上旬种植。

典型叶片

根部性状

品种名称: KWS0469

登记编号: GPD 甜菜(2018)110069

作物种类: 甜菜

申 请 者: 北京科沃施农业技术有限公司

品种来源: 0469MS×0469P

特征特性: 标准型。发芽势强,出苗快且整齐,早期发育快,苗期生长健壮,植株半直立,叶丛较繁茂、紧凑,自然高度 45 厘米~65 厘米,叶片窄卵形,叶柄较长,叶片深绿色,叶面皱褶多,叶缘波褶深,功能叶寿命长;块根圆锥形,根皮浅白色,根沟较浅,根头较小。耐根腐病、褐斑病,抗丛根病。2020 年呼兰病地根产量 2793 千克/亩,含糖率 9.5%。

栽培技术要点: 最好实行 4 年以上的轮作,土壤持水性要好、排涝性强。秋季对耕地进行深耕、深松,苗期适时深中耕。一般每亩播量 500 克左右,每亩保苗数 5500 株~6000 株,每亩收获株数不低于 5000 株。重施基肥,少追肥。一般每亩土壤施尿素 20 千克~30 千克、磷肥 10 千克~15 千克、钾肥 5 千克~8 千克,以肥料总量的 60%~70% 作为基肥。追肥应在 6 月初以前结束,控制灌水,若氮肥追施过晚、过多或大水大肥,易造成后期叶丛徒长,对含糖率有很大的影响。全生育期要控制杂草与害虫,中后期应适时喷药防治褐斑病,确保高产、高糖。

适宜种植区域及季节:适宜在新疆种植;适宜春季种植。

典型叶片

根部性状

品种名称：XJT9911

登记编号：GPD 甜菜(2018)650090

作物种类：甜菜

申 请 者：新疆农业科学院经济作物研究所

品种来源：BR321×KM84

特征特性：丰产型。出苗快，苗期生长迅速，生长势强，整齐度好，株高中等，叶丛直立，叶片绿色，叶片心形；块根根冠小，根沟浅，根体光滑，根肉白色；二年生种株抽薹结实率高，株型紧凑，结实部位适中，结实密度大，种子千粒重 20 克～23 克。抗根腐病，耐褐斑病，中抗丛根病。2020 年呼兰病地根产量 1866 千克／亩，含糖率 8.3%。

栽培技术要点：适期早播，选择土壤肥沃、地势平坦、4 年以上轮作的地块种植。适宜密植，以每亩保苗数 5500 株～6500 株为宜。生育期适时灌水，以满足甜菜生长需要，生长后期注意控制浇水，以提高含糖率。5 月中旬至 8 月上旬及时防治旋幽夜蛾、甘蓝夜蛾。一般亩产块根 5200 千克～6200 千克，含糖率 13.30%～18.21%。

适宜种植区域及季节：适宜在新疆种植；适宜 3 月中下旬至 4 月上旬种植。

典型叶片

根部性状

品种名称：XJT9909

登记编号：GPD 甜菜（2018）650089

作物种类：甜菜

申请者：新疆农业科学院经济作物研究所

品种来源：JT204A×RN02

特征特性：丰产型。出苗快,苗期生长迅速,生长势强,整齐度好,株高中等,叶丛直立,叶片绿色,叶片心形;块根根冠小,根沟浅,根体光滑,根肉白色;二年生种株抽薹结实率高,株型紧凑,结实部位适中,结实密度大,种子千粒重 20 克~22 克。抗根腐病,耐褐斑病,中抗丛根病。2020 年呼兰病地根产量 1912 千克/亩,含糖率8.3%。

栽培技术要点：适期早播,选择土壤肥沃、地势平坦、4 年以上轮作的地块种植。适宜密植,以每亩保苗数 5500 株~6300 株为宜。生育期适时灌水,以满足甜菜生长需要,生长后期注意控制浇水,以提高含糖率。5 月中旬至 8 月上旬及时防治旋幽夜蛾、甘蓝夜蛾。一般亩产块根 5000 千克~6000 千克,含糖率 15.14%~15.29%。

适宜种植区域及季节:适宜在新疆种植;适宜 3 月中下旬至 4 月上旬种植。

典型叶片

根部性状

品种名称：XJT9908

登记编号：GPD 甜菜（2018）650088

作物种类：甜菜

申 请 者：新疆农业科学院经济作物研究所

品种来源：JT203A×R1-2-2

特征特性：丰产型。出苗快，苗期生长迅速，生长势强，整齐度好，株高中等，叶丛直立，叶片绿色，叶片心形；块根根冠小，根沟浅，根体光滑，根肉白色；二年生种株抽薹结实率高，株型紧凑，结实部位适中，结实密度中等，种子千粒重18克~20克。抗根腐病，耐褐斑病，中抗丛根病。2020年呼兰病地根产量1765千克/亩，含糖率9.6%。

栽培技术要点：适期早播，选择土壤肥沃、地势平坦、4年以上轮作的地块种植。适宜密植，以每亩保苗数5500株~6000株为宜。生育期适时灌水，以满足甜菜生长需要，生长后期注意控制浇水，以提高含糖率。5月中旬至8月上旬及时防治旋幽夜蛾、甘蓝夜蛾。一般亩产块根5000千克~5100千克，含糖率15.10%~15.45%。

适宜种植区域及季节：适宜在新疆种植；适宜3月中下旬至4月上旬种植。

典型叶片

根部性状

品种名称：BTS705

登记编号：GPD 甜菜(2018)110027

作物种类：甜菜

申 请 者：北京金色谷雨种业科技有限公司

品种来源：916JF35× 711T_13

特征特性：丰产型。根叶比较高,苗期发育快,生长势强,叶片功能期长,繁茂期叶片犁铧形,叶丛斜立,叶柄长短宽窄适中;块根圆锥形,根皮白净,根头较小,根沟较浅,根形整齐。耐根腐病、褐斑病、丛根病。2020 年呼兰病地根产量 4404 千克/亩,含糖率 9.1%。

栽培技术要点：应根据各地降雨量、气温变化、土壤温度及土壤墒情适时早播,争取一次播种保全苗。适宜密植,每亩保苗数应在 5500 株以上。适宜在中性或偏碱性土壤上种植,地势以平川或平岗地为宜。合理轮作,避免重茬、迎茬。施肥应注意氮肥、磷肥、钾肥的合理搭配,有些地区还应注意微肥,特别是硼肥的施用。控制过量施用氮肥,常规情况下 6 月中旬后不再追施氮肥。应根据各地的气温变化情况适时晚收,以提高含糖率。

适宜种植区域及季节：适宜在新疆种植;适宜 3 月下旬至 5 月上旬种植。

典型叶片

根部性状

品种名称：KUHN1125

登记编号：GPD 甜菜（2018）110011

作物种类：甜菜

申 请 者：荷兰安地国际有限公司北京代表处

品种来源：HJM-04×IM006

特征特性：标准型。苗期生长旺盛，发芽势强，出苗快而整齐，利于苗全苗壮，叶片功能期长，叶丛半直立，叶片舌形；根冠比例协调，株型紧凑，适合密植；块根圆锥形，根头小，根沟浅，根皮光滑。抗丛根病，耐褐斑病、根腐病。2020 年呼兰病地根产量1275 千克/亩，含糖率 8%。

栽培技术要点：一般每亩保苗数 5500 株~6000 株。严禁重茬种植，实行 4 年以上的轮作，秋季深翻地，合理轮作是增强抗病性的有效途径。适量施用氮肥，多施磷肥、钾肥，适当控制灌水次数。

适宜种植区域及季节：适宜在甘肃（张掖）、内蒙古、黑龙江种植；适宜 4 月下旬至 5 月上旬种植，9 月底至 10 月上旬霜冻前收获。

典型叶片

根部性状

品种名称:KWS3928

登记编号：GPD 甜菜(2018)110105

作物种类：甜菜

申 请 者：北京科沃施农业技术有限公司

品种来源：9J_1950×1BT4703

特征特性：标准型。根叶比高,苗期发育快,生长势强,叶片功能期长,幼苗胚轴以浅红色为主,繁茂期叶片舌形,叶片绿色,叶丛半直立,株高 60 厘米~68 厘米;块根圆锥形,根皮白色,根头较小,根沟浅,根形整齐;种子千粒重 20 克左右。耐根腐病、褐斑病,抗丛根病。2020 年呼兰病地根产量 2624 千克/亩,含糖率 10%。

栽培技术要点：根据土壤及气候的具体条件,一般每亩保苗数 6000 株左右,每亩最佳收获数应不低于 5500 株。依据具体田间条件确定施肥量,一般每亩施肥应控制在 4 千克~8 千克(以纯氮计),追施氮肥不应晚于 8 片真叶期,否则将造成植株贪青徒长,影响后期糖分转化。氮肥、磷肥、钾肥应合理配合使用,缺硼地区必须基施或喷施硼肥,防止甜菜心腐病,以提高产量与品质。应 4 年以上轮作,生产田应土壤肥沃、持水性好,地形应易于排涝。全生育期应及时铲除田间杂草。7、8 月份应重视叶部病虫害防治,适时喷洒农药。在湿润年份或地区,应特别注意褐斑病防治。

适宜种植区域及季节：适宜在河北、黑龙江、内蒙古、甘肃、宁夏、山东、山西和新疆种植;适宜 3 月上旬至 5 月上旬种植。

典型叶片

根部性状

品种名称:SV2085

登记编号：GPD 甜菜(2018)110111

作物种类：甜菜

申 请 者：荷兰安地国际有限公司北京代表处

品种来源：SVDH MS2569×SVDH POL4909

特征特性：标准型。苗期生长旺盛,发芽势强,出苗快而整齐,利于苗全苗壮,叶片功能期长,叶丛半直立,叶片舌形;根冠比例协调,株型紧凑;块根圆锥形,根头小,根沟浅,根皮光滑。耐根腐病、褐斑病,抗丛根病。2020年呼兰病地根产量1932千克/亩,含糖率10.6%。

栽培技术要点：一般每亩保苗数5500株~6000株。严禁重茬种植,实行4年以上的轮作,秋季深翻地,合理轮作是增强抗病性的有效途径。适量施用氮肥,多施磷肥、钾肥,适当控制灌水次数。

适宜种植区域及季节:适宜在黑龙江、内蒙古和新疆种植;适宜3月上旬至5月上旬种植。

典型叶片

根部性状

品种名称:MK4187

登记编号:GPD 甜菜(2018)110113

作物种类:甜菜

申 请 者:荷兰安地国际有限公司北京代表处

品种来源:KUHN MS5389×KUHN POL9965

特征特性:标准型。苗期生长旺盛,发芽势强,出苗快而整齐,利于苗全苗壮,叶片功能期长,叶丛半直立,叶片舌形;根冠比例协调,株型紧凑;块根圆锥形,根头小,根沟浅,根皮光滑。耐根腐病、褐斑病,抗丛根病。2020 年呼兰病地根产量 3927 千克/亩,含糖率 8.8%。

栽培技术要点:一般每亩保苗数 5500 株~6000 株。严禁重茬种植,实行 4 年以上的轮作,秋季深翻地,合理轮作是增强抗病性的有效途径。适量施用氮肥,多施磷肥、钾肥,适当控制灌水次数。

适宜种植区域及季节:适宜在黑龙江、内蒙古和新疆种植;适宜 3 月上旬至 5 月上旬种植。

典型叶片

根部性状

品种名称：KWS3935

登记编号：GPD 甜菜（2018）110107

作物种类：甜菜

申 请 者：北京科沃施农业技术有限公司

品种来源：0J_1825×1BT4703

特征特性：标准型。苗期发育快，出苗整齐，生长势旺盛，叶片功能期长，幼苗胚轴红色为主，繁茂期叶片心形，叶片深绿色，叶丛半直立；块根圆锥形，根形整齐，大小均匀，根皮白色、光滑，根沟浅。耐根腐病、褐斑病，抗丛根病。2020 年呼兰病地根产量4144 千克/亩，含糖率11%。

栽培技术要点：应根据各地降雨量、气温变化情况、土壤温度及土壤墒情来确定播期，适时早播，争取一次播种保全苗。适宜中性或偏碱性土壤种植，地势以平川或平岗地为宜。在生产中合理轮作，避免重茬、迎茬。对下一年种植甜菜的地块，应于本年秋季进行深翻、深松，并结合整地，深施有机肥、二铵等，确保土壤疏松、土质肥沃。施肥应注意氮肥、磷肥、钾肥合理搭配，有些地区还应注意微肥，特别是硼肥的施用。控制过量施用氮肥，杜绝大水大肥。1 对真叶期疏苗，2 对真叶期间苗，3 对针叶期定苗，疏、定苗后应及时进行中耕锄草。生长期应及时控制、防治虫害、草害和病害。应根据各地的气温变化情况适时晚收，以提高含糖率。

适宜种植区域及季节：适宜在河北、黑龙江、内蒙古、甘肃、山东、山西、宁夏和新疆种植；适宜 3 月上旬至 5 月上旬种植。

典型叶片

根部性状

品种名称:ZT6

登记编号:GPD 甜菜(2018)620116

作物种类:甜菜

申 请 者:张掖市农业科学研究院　张掖市金宇种业有限责任公司

品种来源:006ms-83×抗4

特征特性:标准型。兼抗丛根病多粒杂交种;从播种到收获 170 天~180 天,幼苗期生长旺盛,中后期生长势强,株高 50 厘米~60 厘米,叶丛直立,叶片盾形,叶柄长,叶片深绿色,功能叶片寿命长;块根圆锥形,根头小,根体长,根沟浅,皮质光滑。抗根腐病、丛根病,耐褐斑病。2020 年呼兰病地根产量 1356 千克/亩,含糖率 9.5%。

栽培技术要点:亩播种量 0.3 千克~0.4 千克,株行距一般(18 厘米~24 厘米)×50 厘米,播种深度 2 厘米~3 厘米。结合整地,每亩施有机肥 4000 千克、尿素 20 千克、磷二铵 30 千克、硫酸钾 15 千克。选择厚度 0.008 毫米以上、幅宽 120 厘米的黑膜,种植前采用人工或机械覆膜,膜间距 35 厘米~40 厘米。适时播种,合理密植,适宜密度每亩保苗数 6000 株~7500 株。褐斑病可采取勤中耕松土的方法预防,在甜菜封垄后可采取药剂防治,每亩用甲基硫菌灵 100 克加多菌灵 50 克兑水 30 千克喷洒。7 月下旬后,如遇高温干旱,田间易发生白粉病,每亩可用三唑酮 70 克兑水 30 千克及早防治。

适宜种植区域及季节:适宜在甘肃种植;适宜春季种植。

典型叶片

根部性状

品种名称：LN90909

登记编号：GPD 甜菜（2019）620008

作物种类：甜菜

申 请 者：张掖市农业科学研究院　张掖市金宇种业有限责任公司

品种来源：RM799.257×SI3.28

特征特性：丰产型。多粒杂交种；从播种到收获170天左右，出苗快，保苗率高，生长势强，整齐度高，株高40厘米~60厘米，叶柄短，叶片盾形，叶片浅绿色，叶缘波浪状，叶面比较光滑，叶丛紧凑，适宜密植；块根圆锥形，根体较光滑，根沟浅，根头小，根皮白色，根肉白色。耐根腐病、丛根病，抗褐斑病。2020年呼兰病地根产量561千克/亩，含糖率8.4%。

栽培技术要点：亩播种量0.5千克~1.0千克，株行距一般（18厘米~24厘米）×50厘米，播种深度2厘米~3厘米。结合整地，每亩施有机肥4000千克、尿素20千克、磷二铵30千克、硫酸钾15千克。选择厚度0.008毫米以上、幅宽120厘米的黑膜，种植前采用人工或机械覆膜，膜间距35厘米~40厘米。适时播种，合理密植，适宜密度每亩保苗数6000株~7500株。褐斑病可采取勤中耕松土的方法预防，在甜菜封垄后可采取药剂防治，每亩用甲基硫菌灵100克加多菌灵50克兑水30千克喷洒。7月下旬后，如遇高温干旱，田间易发生白粉病，每亩可用三唑酮70克兑水30千克及早防治。

适宜种植区域及季节：适宜在甘肃种植；适宜春季种植。

典型叶片

根部性状

品种名称：甜研 312

登记编号：GPD 甜菜（2019）230005

作物种类：甜菜

申请者：黑龙江大学

品种来源：03408×03210

特征特性：丰产型、高糖型。多胚多倍体杂交品种；幼苗期胚轴颜色为红色和绿色混合，繁茂期叶片舌形，叶片浅绿色，叶丛斜立，株高 55 厘米~60 厘米，叶柄 23 厘米~25 厘米，叶片数 25 片~28 片；块根楔形，根头小，根沟较浅，根皮白色，根肉浅黄色。耐根腐病，抗褐斑病，中抗丛根病。2020 年呼兰病地根产量 1593 千克/亩，含糖率 9.4%。

栽培技术要点：适宜在黑钙土及苏打草甸土地种植，每亩保苗数 4400 株~4700 株。以农家肥与化肥配合使用为宜，每亩施农家肥 2000 千克，每亩施底肥磷酸二铵 16 千克，3 片~4 片真叶每亩施尿素 10 千克。出苗后防治东方绢金龟和跳甲、象甲等，中后期防治甘蓝夜蛾和草地螟。苗期注意防治立枯病，中后期防治褐斑病。不宜在排水不畅的低洼地块种植。实行三铲三趟或机械中耕，适当适时喷施微肥以及增糖液体肥。9 月下旬至10 月上旬为适宜收获期。

适宜种植区域及季节：适宜在黑龙江（牡丹江、齐齐哈尔、佳木斯、哈尔滨）种植；适宜春季种植。

典型叶片

根部性状

品种名称:甜研 208

登记编号：GPD 甜菜(2019)230007

作物种类：甜菜

申 请 者：黑龙江大学

品种来源：DP23×DP24

特征特性：高糖型。多胚二倍体杂交品种;幼苗期胚轴颜色为红色和绿色混合,繁茂期叶片舌形,叶片绿色,叶丛斜立,株高 60 厘米,叶柄粗细中等、较长,叶片数 30 片～36 片;块根圆锥形,根头小,根沟浅,根皮白色,根肉白色。耐根腐病、丛根病,抗褐斑病。2020 年呼兰病地根产量 1710 千克/亩,含糖率 10.8%。

栽培技术要点：在适应区适时播种,选择中等肥力地块种植,采用垄作栽培方式,每亩保苗数 4000 株～4500 株。磷酸二铵 15 千克作为种肥,每亩追施尿素 10 千克。及时间苗、定苗、铲耥、防虫,10 月 1 日以后可根据情况适时收获。

适宜种植区域及季节:适宜在黑龙江(牡丹江、齐齐哈尔、哈尔滨、佳木斯)种植;适宜春季种植。

典型叶片

根部性状

品种名称：KWS1479

登记编号：GPD 甜菜（2018）110074

作物种类：甜菜

申 请 者：北京科沃施农业技术有限公司

品种来源：KWSMS9865×KWSP8913

特征特性：丰产型。根叶比较高，苗期发育快，生长势强，叶片功能期长，繁茂期叶片犁铧形，叶丛斜立，叶柄较宽，长度适中；块根纺锤形，根头小，根皮白净，根沟浅、带土少。

栽培技术要点：适宜在中性或偏碱性土壤上种植，地势以平川或平岗地为宜。合理轮作，避免重茬、迎茬。应根据各地降雨量、气温变化、土壤温度及土壤墒情适时早播，争取一次播种保全苗。适宜密植，每公顷保苗数应在82500株以上，每公顷最佳收获数不应低于75000株。应注意氮肥、磷肥、钾肥的合理搭配，有些地区还应注意微肥，特别是硼肥的施用。应根据各地的气温变化适时晚收，以提高含糖率。

适宜种植区域及季节：适宜在黑龙江、内蒙古、新疆、甘肃、吉林种植；适宜3月上旬至5月上旬种植。

品种名称：HI0466

登记编号：GPD 甜菜（2018）230095

作物种类：甜菜

申　请　者：丹麦麦瑞博西索科有限公司哈尔滨代表处

品种来源：MS-304×POLL-0166

特征特性：标准型。叶丛半直立，繁茂期叶片舌形，叶片深绿色，株高 52 厘米，叶柄中，叶片数 35 片；块根圆锥形，青头小，根沟浅，根皮白色，根肉浅黄色；采种株以多枝型为主，花粉量大；结实密度 23 粒/10 厘米，种子千粒重 9 克~12 克。

栽培技术要点：适于机械化精量点播（播种深度因地制宜，建议不超过 2.5 厘米），并适于纸筒育苗栽培，选择肥力较好的地块种植，每亩保苗数 7000 株~8000 株。每亩施用农家肥 1000 千克、磷酸二铵 16 千克，氮肥在 8 片叶面施肥，N∶P∶K 比例为 1∶1∶0.5。实行三铲三趟（机械化中耕）作业，苗期缺水时及时喷灌。轮作倒茬，及时喷灌，严控氮肥使用量，杜绝大水漫灌。注意施用硼肥，减少心腐病的发生。适时早播，每亩收获数不低于 5000 株，秋季深翻地，实行 5 年以上大区轮作。根据品种特点，可采用机械化收获，且及时起收、堆放、保管。播种前用拌种剂拌种，注意防治立枯病、跳甲等苗期病虫害。适当密植，提高产、质量同时更适宜机械收获。种子为醒芽处理的杂交一代，不能留至第二年种植。

适宜种植区域及季节：适宜在新疆、黑龙江、吉林、内蒙古、甘肃、河北种植；适宜 3 月上旬至 5 月上旬种植。

品种名称：KWS7156

登记编号：GPD 甜菜（2019）150004

作物种类：甜菜

申 请 者：赤峰绿璐种业有限公司

品种来源：KWSM9364×KWSP8856

特征特性：丰产型。根叶比高,生长势强,叶片功能期长,适应性广,繁茂期叶片犁铧形,叶丛直立,株高 58 厘米,叶片长短宽窄适中,叶片数 32 片左右;块根圆锥形,根肉白色,根头较小,根沟浅,根形整齐;种子千粒重 15 克。

栽培技术要点：必须坚持 4 年以上轮作,避免重茬、迎茬,最好有灌溉条件。注意苗期病虫害的防治,特别注重褐斑病的防治,褐斑病防治时间必须持续到 8 月底或 9 月初。适宜密植,每亩保苗数 6000 株以上,每亩最佳收获数不低于 5500 株。应注意氮肥、磷肥、钾肥合理搭配使用,适量使用硼肥以防止甜菜心腐病。直播甜菜一定注意土壤墒情,适时早播,躲过苗期害虫,出苗后做到及时防虫。注重钙肥、镁肥、硫肥的施用,防止氮素过多而引起的茎叶徒长,要注重微量元素的施用,以提高产量与品质。生育后期控制灌水,杜绝大水大肥。应根据各地气温变化情况收取,以提高含糖率。

适宜种植区域及季节：适宜在内蒙古、河北种植;直播甜菜适宜 4 月 10 日至 5 月 5 日种植,纸筒育苗适宜 3 月 25 日至 4 月 10 日种植。

品种名称：LN20159

登记编号：GPD 甜菜（2019）620009

作物种类：甜菜

申 请 者：张掖市农业科学研究院　张掖市金宇种业有限责任公司

品种来源：RZM201.86×F1.DM06.12

特征特性：丰产型。单粒杂交种；从播种到收获 180 天左右，出苗快，保苗率高，株高 55 厘米~70 厘米，叶柄较长，叶片犁铧形，叶缘波浪形，叶面微皱，叶片绿色，叶丛直立，适宜密植；块根圆锥形，根体较光滑，根沟浅，根头小，根皮白色，根肉白色。

栽培技术要点：亩播种量 0.2 千克~0.3 千克，株行距一般（18 厘米~23 厘米）× 50 厘米，播种深度 1.5 厘米~2 厘米。结合整地，每亩施有机肥 4000 千克、尿素 20 千克、磷二铵 30 千克、硫酸钾 15 千克。选择厚度 0.008 毫米以上、幅宽 120 厘米的黑膜，种植前采用人工或机械覆膜，膜间距 35 厘米~40 厘米。适时播种，合理密植，适宜密度为每亩保苗数 6500 株~7500 株。褐斑病可采取勤中耕松土的方法预防，在甜菜封垄后可采取药剂防治，每亩用甲基硫菌灵 100 克加多菌灵 50 克兑水 30 千克喷洒。7 月下旬后，如遇高温干旱，田间易发生白粉病，每亩可用三唑酮 70 克兑水 30 千克及早防治。

适宜种植区域及季节：适宜在甘肃种植；适宜 3 月上旬至 4 月上旬种植。

品种名称：ST14991

登记编号：GPD 甜菜（2018）110118

作物种类：甜菜

申 请 者：德国斯特儒博有限公司北京代表处

品种来源：D29 * RH4× V28 * 6.8

特征特性：标准型。出苗快，整齐度好，株高中等，生长势强，叶丛半直立，叶柄短，叶片舌形，叶片中绿色；块根楔形，根体光滑，根肉白色，根冠小，根沟浅。

栽培技术要点：根据土壤及气候的具体条件，一般每亩保苗数 6000 株左右，每亩最佳收获数应不低于 5500 株。依据具体田间条件确定施肥量。一般每亩氮肥应控制在 10 千克~12 千克（以纯氮计）。追施氮肥不应晚于 8 片真叶期，否则将造成植株贪青徒长，影响中后期块根糖分积累，并使块根中有害氮含量增高，工艺损失严重。氮肥、磷肥、钾肥的合理配合使用是甜菜生产的重要环节，适当增加磷肥和钾肥的使用可提高甜菜的抗病力和含糖率。另外，缺硼地区必须配合基施或喷施硼肥，防止甜菜心腐病，以提高产量与品质。全生育期应及时铲除田间杂草，杜绝草荒欺苗现象。7、8 月份应重视叶部病虫害防治，适时喷洒农药。在湿润年份或地区，应特别注意防治褐斑病。一般应 4 年以上轮作，生产田应土壤肥沃、持水性好，地形应易于排涝。

适宜种植区域及季节：适宜在新疆、甘肃、内蒙古、黑龙江、吉林、辽宁、河北和山西种植；适宜 3 月上旬至 5 月上旬种植。

品种名称：金谷糖 BETA218

登记编号：GPD 甜菜（2018）110094

作物种类：甜菜

申 请 者：北京金色谷雨种业科技有限公司　昌吉市田农科技种业有限公司

品种来源：BTSMS95258×BTSP90148

特征特性：丰产型、高糖型。叶丛斜立，叶片窄卵形，叶片较窄，叶柄长，叶片绿色，叶面相对平滑；块根圆锥形，青头小，白色根皮，根肉白色，根沟浅。

栽培技术要点：栽培技术要点：根据土壤及气候的具体条件，一般每亩保苗数5500 株~6000 株，每亩最佳收获数应不低于 4500 株~6000 株。依据具体田间条件确定施肥量。一般每亩施氮肥应控制在 10 千克~12 千克（以纯氮计）。追施氮肥不应晚于8 叶期，否则将造成植株贪青徒长，影响中后期块根糖分积累，并使块根中有害氮含量增高，工艺损失严重。氮肥、磷肥、钾肥的合理配合使用是甜菜生产的重要环节，适当增加磷肥和钾肥的使用可提高甜菜的抗病力，并有利于提高含糖率。另外，缺硼地区必须配合基施或喷施硼肥，防止甜菜心腐病，以提高产量与品质。全生育期应及时铲除田间杂草，杜绝草荒欺苗现象。7、8 月份应十分重视叶部病虫害防治，适时喷洒农药。在湿润年份或地区，应特别注意防治褐斑病。一般应 4 年以上轮作。生产田应土壤肥沃、持水性好，地形应易于排涝。播种前用杀菌剂和杀虫剂拌种，防治苗期立枯病和虫害。7 月份、8月份应重视叶部病虫害的防治，适时喷施农药。在湿润年份或地区，应特别注意褐斑病的防治，确保高产、高糖。适时进行田间管理。一般在 1 对真叶期疏苗，2 对真叶期间苗，3 对真叶期定苗，疏、定苗后应及时进行中耕锄草。全生长期应及时铲除田间杂草，杜绝草荒欺苗现象。应根据各地的气温变化情况适时晚收，以提高含糖率。

适宜种植区域及季节：适宜在内蒙古、新疆、甘肃、黑龙江、河北和山西种植；适宜 3月上旬至 5 月上旬种植。

品种名称：RG7002

登记编号：GPD 甜菜（2018）230091

作物种类：甜菜

申 请 者：黑龙江农垦明达种业有限公司

品种来源：M-629×P2-0584

特征特性：标准型。幼苗期胚轴颜色为红色，繁茂期叶片舌形、叶片绿色，叶丛直立，株高58厘米~61厘米，叶柄2厘米左右，叶片数24片左右；块根圆锥形，根头小，根沟浅，根皮黄白色；根肉白色。采种株以多枝型为主，母本无花粉，父本花粉量大；结实密度20粒/10厘米~30粒/10厘米，种子千粒重9克~11克。

栽培技术要点：宜选择4年以上轮作倒茬、肥力中等偏上的地块，地势平整，排涝性好，实行秋耕冬灌。在早春的土地处理过程中，要求大力深耕，达到"齐、平、松、碎、墒、净"六字标准。根据当地气候特点，适时早播以延长生育期、提高产量。由于甜菜抵抗低温的能力较强，当地面化冻达5厘米时即可播种。在保墒的前提下，播种深度原则上尽量浅，利于出苗。苗期显行后，1对真叶至2对真叶期间结束定苗工作，勤培土，封严苗穴和破膜处，防止跑温跑墒。当遇到灾害性天气或虫灾，可适当晚定苗，保证保苗株数。中耕3次~4次，8叶一心至10片叶时，结束揭膜工作，并及时除草，喷洒农药。秋耕冬灌或春整地过程中，每亩施三料磷肥15千克、尿素15千克、硫酸钾15千克作为基肥，有条件施有机肥3千克~4千克。播种时，每亩带3千克~5千克磷酸二铵做种肥，肥料和种子分开施用。保护好功能叶片。

适宜种植区域及季节：适宜在新疆、甘肃、内蒙古、河北、吉林、黑龙江种植区种植；适宜3月上旬至5月上旬种植。

品种名称:RG7001

登记编号: GPD 甜菜(2018)230092

作物种类: 甜菜

申 请 者: 黑龙江农垦明达种业有限公司

品种来源: M-917×P2-4180

特征特性: 标准型。幼苗期胚轴颜色为红色,繁茂期叶片舌形,叶片绿色,叶丛直立,株高58厘米~61厘米,叶柄2厘米左右,叶片数24片;块根圆锥形,根头小,根沟浅,根皮黄白色,根肉白色;采种株以多枝型为主,母本无花粉,父本花粉量大。结实密度20粒/10厘米~30粒/10厘米,种子千粒重9克~11克。

栽培技术要点: 宜选择4年以上轮作倒茬、肥力中等偏上的地块,地势平整,排涝性好,实行秋耕冬灌。在早春的土地处理过程中,要求大力深耕,达到"齐、平、松、碎、墒、净"六字标准。根据当地气候特点,适时早播以延长生育期、提高产量。由于甜菜抵抗低温的能力较强,当地面化冻达5厘米时即可播种。在保墒的前提下,播种深度原则上尽量浅,利于出苗。苗期显行后,1对真叶至2对真叶期间结束定苗工作,勤培土,封严苗穴和破膜处,防止跑温跑墒。当遇到灾害性天气或虫灾,可适当晚定苗,保证保苗株数。中耕3次~4次,8叶一心至10片叶时,结束揭膜工作,并及时除草,喷洒农药。秋耕冬灌或春整地过程中,每亩施三料磷肥15千克、尿素15千克、硫酸钾15千克作为基肥,有条件施有机肥3千克~4千克。播种时,每亩带3千克~5千克磷酸二铵做种肥,肥料和种子分开施用。保护好功能叶片。

适宜种植区域及季节: 适宜在新疆、甘肃、内蒙古、河北、吉林、黑龙江种植区种植;适宜3月上旬至5月上旬种植。

品种名称:阿迈斯

登记编号：GPD 甜菜(2018)230049

作物种类：甜菜

申 请 者：北大荒垦丰种业股份有限公司

品种来源：SVDH MS 2943×SVDH POL 4726

特征特性：标准型。该品种为二倍体单胚标准型品种;幼苗期胚轴颜色为绿色,繁茂期叶片舌形,叶片深绿色,叶丛半直立,株高 58 厘米~62 厘米,叶柄长短适中,叶片数 38 片~40 片;块根圆锥形,根头小,根沟浅,根皮白色,根肉浅黄色;采种株以多枝型为主,花粉量大,结实密度 20 粒/10 厘米~30 粒/10 厘米,种子千粒重 10 克~11 克;第 1 生长周期含糖率 16.4%,与对照一致。

栽培技术要点：该品种为遗传单粒杂交种,适合机械化精量点播和纸筒育苗移栽。一般每亩保苗数应在 5000 株~5500 株。适合于气吸式播种机单粒直播,播深不超过 3 厘米;适时育苗。实行 5 年以上的大区轮作,选用秋季深翻地。一般 亩施纯氮应控制在 8 千克~9 千克,追施氮肥不能晚于 8 片真叶期。播种后,在叶丛期及块根膨大期缺水条件下有条件地块应及时喷灌。实行三铲三趟或机械中耕。选用杀菌剂或杀虫剂拌种,防治苗期立枯病和跳甲、象甲等苗期害虫,中后期着重防治第一、二代甘蓝夜蛾。适时防治褐斑病,确保高产、高糖。随起收,随切削,随拉运,随储存。

适宜种植区域及季节：适宜在黑龙江、内蒙古、新疆、河北、山西种植;适宜 4 月下旬至 5 月上旬种植,10 月上旬霜冻前收获。

品种名称:巴士森

登记编号：GPD 甜菜(2018)230050

作物种类：甜菜

申 请 者：北大荒垦丰种业股份有限公司

品种来源：SVDH MS 2201×SVDH POL 4029

特征特性：标准型。幼苗期胚轴颜色为绿色，繁茂期叶片舌形，叶片深绿色，叶宽15厘米左右，叶表有轻微皱褶，叶丛直立，株高50厘米~55厘米，叶柄长短适中，叶片数40片~43片；块根圆锥形，青头小，根沟浅，根皮白色，根肉色浅黄色；有害氮、钾离子含量低，钠离子含量适中；采种株以多枝型为主，花粉量大，结实密度22粒/10厘米~28粒/10厘米，种子千粒重12.3克左右。

栽培技术要点：该品种为遗传单粒杂交种，适合于机械化精量点播和纸筒育苗移栽。根据土壤和气候的具体情况而定，一般每亩保苗数5000株~5500株。适合于气吸式播种机单粒直播，播深不超过3厘米；适时育苗，可在4月8日之前进行，5月中旬移栽到大田，严格控制棚内温湿度，及时通风，确保壮苗，防止徒长。实行5年以上的大区轮作，秋季深翻地，严禁在重茬及有残留性农药地块种植。氮磷钾纯量30千克，根据不同区域N：P：K为1：(0.8~1.2)：0.6，追施氮肥不能晚于8片真叶期。根据土壤具体条件，注意氮肥及微肥的施用。播种后，在叶丛期及块根膨大期缺水条件下有条件地块应及时喷灌。实行三铲三趟或机械中耕，化学除草，确保土壤通气、透水。选用杀菌剂和杀虫剂拌种，防治苗期立枯病和跳甲、象甲等苗期害虫，中后期着重防治第一、二代甘蓝夜蛾。适时防治褐斑病，确保高产、高糖。随起收，随切削，随拉运，随储存。

适宜种植区域及季节：适宜在黑龙江、内蒙古、新疆、河北、山西种植；适宜4月下旬至5月上旬种植，10月上旬霜冻前收获。

品种名称：普瑞宝

登记编号：GPD 甜菜（2018）230051

作物种类：甜菜

申 请 者：北大荒垦丰种业股份有限公司

品种来源：MSBCL-27×PC-35

特征特性：标准型。幼苗期胚轴颜色为绿色,繁茂期叶片心形,叶片深绿色,叶丛直立,株高 60 厘米~65 厘米,叶柄长短适中,叶片数 42 片~45 片;块根圆锥形,青头小,根沟浅,根皮白色,根肉浅黄色;采种株以多枝型为主,花粉量大,为瘦果,复穗无限花序;结实密度 20 粒/10 厘米~25 粒/10 厘米,种子千粒重 25 克左右。

栽培技术要点：该品种为多胚标准型品种,适宜采取机械精密播种,选择中上等土壤肥力地块种植,采用直播栽培方式。根据土壤和气候的具体情况而定,一般每亩保苗数 5000 株~5500 株。适宜气吸式播种机精量点播,行距 60 厘米,株距 23 厘米~25 厘米,播深不超过 3 厘米。一般在 4 片真叶时疏苗,6 片~8 片真叶时定苗。实行 5 年以上的大区轮作,秋季深翻地,严禁在重茬及有残留性农药地块种植,避开低洼地块种植,以防根腐病发生。秋起垄夹肥为主,每亩施肥量 30 千克~40 千克,每亩施纯氮应控制在 8 千克,$N：P_2O_5：K_2O$ 为 1.1：1：0.5,追施氮肥时间不能晚于 8 片真叶期。

适宜种植区域及季节：适宜在黑龙江、内蒙古、新疆、河北、山西种植;适宜 4 月下旬至 5 月上旬种植,10 月上旬霜冻前收获。

品种名称：OVATIO

登记编号：GPD 甜菜（2018）230052

作物种类：甜菜

申 请 者：北大荒垦丰种业股份有限公司

品种来源：SVDH MS 1022×SVDH POL 3655

特征特性：标准型。幼苗期胚轴颜色为绿色，繁茂期叶片舌形，叶片深绿色，叶表有皱褶，叶面有光泽，叶丛半直立，株高 50 厘米~55 厘米，叶柄长短适中，叶片数 40 片左右；块根圆锥形，青头小，根沟浅，根皮白色，根肉浅黄色；采种株以多枝型为主，花粉量大，种子为瘦果，呈扁平状；结实密度 20 粒/10 厘米~30 粒/10 厘米，种子千粒重 12 克~13.5 克。

栽培技术要点：该品种为遗传单粒杂交种，适合于机械化精量点播和纸筒育苗移栽。根据土壤和气候的具体情况而定，一般每亩保苗数 5000 株~5500 株。适合于气吸式播种机单粒直播，播深不超过 3 厘米。适时育苗，可在 4 月 8 日之前进行，5 月中旬移栽到大田，严格控制棚内温湿度，及时通风，确保壮苗，防止徒长。实行 5 年以上的大区轮作，秋季深翻地，严禁在重茬及有残留性农药地块种植。氮肥、磷肥、钾肥每亩纯量 30 千克，根据不同区域 N∶P∶K 比例为 1∶（0.8~1.2）∶0.6，追施氮肥不能晚于 8 片真叶期。根据土壤具体条件，注意氮肥及微肥的施用。播种后，在叶丛期及块根膨大期缺水条件下有条件地块应及时喷灌。实行三铲三趟或机械中耕，化学除草，确保土壤通气、透水。选用杀菌剂或杀虫剂拌种，防治苗期立枯病和跳甲、象甲等苗期害虫，中后期着重防治第一、二代甘蓝夜蛾。适时防治褐斑病，确保高产、高糖。随起收，随切削，随拉运，随储存。

适宜种植区域及季节：适宜在黑龙江、内蒙古、新疆、河北、山西种植；适宜 4 月下旬至 5 月上旬种植，10 月上旬霜冻前收获。

品种名称：ADV0413

登记编号：GPD 甜菜（2018）230055

作物种类：甜菜

申 请 者：北大荒垦丰种业股份有限公司

品种来源：SVDH MS 2055×SVDH POL 4129

特征特性：标准型。幼苗期胚轴颜色为红色，繁茂期叶片心形，叶片深绿色，叶丛直立，株高 60 厘米左右，叶柄长短适中，叶片数 40 片~45 片；块根圆锥形，青头小，根沟浅，须根少，无叉根，根皮白色，根肉浅黄色；采种株以多枝型为主，花粉量大；结实密度 20 粒/10 厘米~25 粒/10 厘米，种子千粒重 20 克~25 克。

栽培技术要点：该品种为遗传单粒杂交种，适合于机械化精量点播和纸筒育苗移栽。根据土壤和气候的具体情况而定，一般每亩保苗数 5000 株~5500 株。适合于气吸式播种机单粒直播，播深不超过 3 厘米。适时育苗，可在 4 月 8 日之前进行，5 月中旬移栽到大田，严格控制棚内温湿度，及时通风，确保壮苗，防止徒长。实行 5 年以上的大区轮作，秋季深翻地，严禁在重茬及有残留性农药地块种植。氮肥、磷肥、钾肥每亩纯量 30 千克，根据不同区域 N：P：K 比例为 1：（0.8~1.2）：0.6，追施氮肥不能晚于 8 片真叶期。根据土壤具体条件，注意氮肥及微肥的施用。播种后，在叶丛期及块根膨大期缺水条件下有条件地块应及时喷灌。实行三铲三趟或机械中耕，化学除草，确保土壤通气、透水。选用杀菌剂或杀虫剂拌种，防治苗期立枯病和跳甲、象甲等苗期害虫，中后期着重防治第一、二代甘蓝夜蛾。适时防治褐斑病，确保高产、高糖。随起收，随切削，随拉运，随储存。

适宜种植区域及季节：适宜在黑龙江、内蒙古、新疆、河北、山西种植；适宜 4 月下旬至 5 月上旬种植，10 月上旬霜冻前收获。

品种名称：瑞马

登记编号：GPD 甜菜（2018）230056

作物种类：甜菜

申 请 者：北大荒垦丰种业股份有限公司

品种来源：SVDH MS 2633×SVDH POL 4098

特征特性：标准型。幼苗期胚轴颜色为绿色，繁茂期叶片心形，叶表有皱褶，叶片深绿色，叶丛直立，株高 52 厘米~55 厘米，叶柄 24 厘米~29 厘米，叶片数 35 片~40 片；块根圆锥形，青头小，根沟浅，根皮和根肉均呈白色；采种株以多枝型为主，花粉量大，复穗无限花序，果实为瘦果，呈不规则球状，结实密度 18 粒/10 厘米~20 粒/10 厘米，种子千粒重 10 克~12 克。

栽培技术要点：该品种为遗传单粒杂交种，适合于机械化精量点播和纸筒育苗移栽。根据土壤和气候的具体情况而定，一般每亩保苗数 5000 株~5500 株。适合于气吸式播种机单粒直播，播深不超过 3 厘米。适时育苗，可在 4 月 8 日之前进行，5 月中旬移栽到大田，严格控制棚内温湿度，及时通风，确保壮苗，防止徒长。实行 5 年以上的大区轮作，秋季深翻地，严禁在重茬及有残留性农药地块种植。氮肥、磷肥、钾肥每亩纯量 30 千克，根据不同区域 N∶P∶K 比例为 1∶（0.8~1.2）∶0.6，追施氮肥不能晚于 8 片真叶期。根据土壤具体条件，注意氮肥及微肥的施用。播种后，在叶丛期及块根膨大期缺水条件下有条件地块应及时喷灌。实行三铲三趟或机械中耕，化学除草，确保土壤通气、透水。选用杀菌剂或杀虫剂拌种，防治苗期立枯病和跳甲、象甲等苗期害虫，中后期着重防治第一、二代甘蓝夜蛾。适时防治褐斑病，确保高产、高糖。随起收，随切削，随拉运，随储存。

适宜种植区域及季节：适宜在黑龙江、内蒙古、新疆、河北、山西种植；适宜 4 月下旬至 5 月上旬种植，10 月上旬霜冻前收获。

品种名称：GGR1214

登记编号：GPD 甜菜（2018）110057

作物种类：甜菜

申 请 者：北京金色谷雨种业科技有限公司

品种来源：1DM800×SI.11.22

特征特性：标准型。单胚品种；幼苗期胚轴颜色为绿色，繁茂期叶片犁铧形，叶片绿色，叶丛斜立，株高 50 厘米~60 厘米，叶柄长短适中，叶片数 28 片~30 片；块根圆锥形，根头小，根沟浅，根皮白色，根肉白色；出苗好，生长势极强，叶丛紧凑，利于通风透光，适宜密植，利于切削及机械化收获，前期块根增长快。

栽培技术要点：该品种适用于纸筒育苗或机械化精量直播的栽培方式种植，选择中上等土壤肥力地块，每公顷保苗数 7 万株~9 万株。以秋施肥起垄为主，每公顷施肥量为 500 千克~600 千克，每亩纯氮应控制在 8 千克，$N：P_2O_5：K_2O$ 比例为 1.2：1：0.4，追施氮肥时间不能晚于 8 片真叶期。实行三铲三趟（机械中耕），确保土壤通气、透水，预防苗期立枯病以及跳甲等害虫，中后期着重防治甘蓝夜蛾和草地螟，适时防治褐斑病。根据气温变化适时晚收，以便提高含糖率。

适宜种植区域及季节：适宜在新疆、甘肃、内蒙古、河北、黑龙江、吉林、山西种植；适宜 3 月上旬至 5 月上旬种植。

品种名称：BETA467

登记编号：GPD 甜菜（2018）110062

作物种类：甜菜

申 请 者：北京金色谷雨种业科技有限公司

品种来源：070JF16×173RM90

特征特性：丰产型。根叶比例高，苗期发育快，生长势强，叶片功能期长，繁茂期叶片犁铧形，叶丛斜立，叶柄长短宽窄适中；块根圆锥形，根皮白净，根头较小，根沟较浅，根形整齐。

栽培技术要点：应根据各地降雨量、气温变化、土壤温度及土壤墒情适时早播，争取一次播种保全苗。适宜密植，每亩保苗数应在 5500 株以上。适宜在中性或偏碱性土壤上种植，地势以平川或平岗地为宜。合理轮作，避免重茬、迎茬。施肥应注意氮肥、磷肥、钾肥的合理搭配，有些地区还应注意微肥，特别是硼肥的施用。控制过量施用氮肥，常规情况下 6 月中旬后不再追施氮肥。应根据各地的气温变化情况适时晚收，以提高含糖率。

适宜种植区域及季节：适宜在内蒙古、新疆、甘肃、黑龙江、河北、吉林、山西种植；适宜 3 月上旬至 5 月上旬种植。

品种名称：BTS8125

登记编号：GPD 甜菜（2018）110065

作物种类：甜菜

申 请 者：北京金色谷雨种业科技有限公司

品种来源：289BN10×085S_11

特征特性：丰产型。果实多粒型，种球黄褐色，叶丛直立，叶片绿色；块根圆锥形，根体较光滑，根沟较浅，根头中等，根形整齐，根肉白色。

栽培技术要点：适合密植，每亩保苗数 5000 株~5500 株。应注意氮肥、磷肥、钾肥搭配施用，有些地区需增加微肥，特别是硼肥的施用。控制氮肥过量施用，杜绝大水大肥。生长期应及时防治虫害、草害和病害。适时早播也属较好的一种栽培措施。

适宜种植区域及季节：适宜在内蒙古、新疆、甘肃、黑龙江、河北、吉林、山西种植；适宜 3 月上旬至 5 月上旬种植。

品种名称：BTS8126

登记编号：GPD 甜菜（2018）110066

作物种类：甜菜

申 请 者：北京金色谷雨种业科技有限公司

品种来源：230BN20×973BT06

特征特性：丰产型。果实多粒型，种球黄褐色，叶丛直立，叶片绿色；块根圆锥形，根体较光滑，根沟较浅，根头中等，根形整齐，根肉白色。

栽培技术要点：适合密植，每亩保苗数 5000 株~5500 株。应注意氮肥、磷肥、钾肥搭配施用，有些地区需增加微肥，特别是硼肥的施用。控制氮肥过量施用，杜绝大水大肥。生长期应及时防治虫害、草害和病害。适时早播也属较好的一种栽培措施。

适宜种植区域及季节：适宜在内蒙古、新疆、甘肃、黑龙江、河北、吉林、山西种植；适宜 3 月上旬至 5 月上旬种植。

品种名称：ST13092

登记编号：GPD 甜菜（2018）110046

作物种类：甜菜

申 请 者：德国斯特儒博有限公司北京代表处

品种来源：BC27 * E12.1×D103 * N8.2

特征特性：标准型。幼苗期胚轴颜色为红色，繁茂期叶片舌形，叶片绿色，叶丛半直立，株高 45 厘米~50 厘米，叶柄较细，叶片数 24 片~28 片；块根圆锥形，根头较小，根沟浅，根皮白色，根肉白色。

栽培技术要点：适时早播，争取一次播种保全苗。适宜密植，每亩保苗数 6000 株左右。适宜在中性或偏碱性土壤上种植，地势以平川或平岗地为宜。合理轮作，避免重茬、迎茬种植。施肥应注意氮肥、磷肥、钾肥的合理搭配，有些地区还应注意微肥，特别是硼肥的施用。控制过量施用氮肥，常规情况下 6 月中旬后不再追施氮肥。全生育期应及时除草，苗期重点防治虫害，中后期重点防治叶部病虫害，及时防治褐斑病。应根据各地的气温变化情况适时晚收，以提高含糖率。

适宜种植区域及季节：适宜在内蒙古、黑龙江、新疆和甘肃种植；适宜 3 月上旬至 5 月上旬种植。

品种名称:SD13806

登记编号:GPD 甜菜(2018)110047

作物种类:甜菜

申请者:德国斯特儒博有限公司北京代表处

品种来源:LM31 * Eo1×DN201

特征特性:标准型。出苗快,整齐度好,易保苗,株高中等,生长势强,叶丛直立,叶柄长,叶片窄卵形,叶片绿色;块根纺锤形,根肉白色,根沟浅。

栽培技术要点:应 4 年以上轮作,生产田应土壤肥沃、持水性好,地形应易于排涝。采用纸筒育苗 4 月底至 5 月初移栽。根据土壤及气候的具体条件,一般每亩保苗数6000 株左右,每亩最佳收获数应不低于 5500 株。依据具体田间条件确定施肥量,一般每亩氮肥应控制在 10 千克~12 千克(以纯氮计),追施氮肥不应晚于 8 片真叶期,否则将造成植株贪青徒长,影响中后期块根糖分积累,并使块根中有害氮含量增高。氮肥、磷肥、钾肥的合理配合使用是甜菜生产的重要环节,适当增加磷肥和钾肥的使用可提高甜菜的抗病力,并有利于提升含糖率。缺硼地区必须配合基施或喷施硼肥,防止甜菜心腐病,以提高产量与品质。全生育期应及时铲除田间杂草,杜绝草荒欺苗现象。7、8 月份应重视叶部病虫害防治,适时喷洒农药。在湿润年份或地区,应特别注意防治褐斑病。

适宜种植区域及季节:适宜在内蒙古、黑龙江、新疆和甘肃种植;适宜 3 月上旬至 5月上旬种植。

品种名称：SD12830

登记编号：GPD 甜菜（2018）110032

作物种类：甜菜

申 请 者：德国斯特儒博有限公司北京代表处

品种来源：（N/12 * P6）× * U23

特征特性：标准型。叶丛直立，叶片窄卵形，叶片深绿色；块根圆锥形，白色根皮，根肉白色，根沟浅；性状稳定，产质量水平较高，对土壤肥力及环境条件要求不严，适应性广。

栽培技术要点：适期早播，争取一次保全苗。选择土壤肥沃、地势平坦、4 年以上轮作的地块种植。适宜密植，以每亩保苗数 5500 株～6000 株为宜。生育期适时灌水，以满足甜菜生长需要，生长后期注意控制浇水，以提高含糖率。应注意氮肥、磷肥、钾肥的合理搭配，有些地区还应注意微肥，特别是硼肥的施用。控制过量施用氮肥，常规情况下 6 月中旬后不再追施氮肥。5 月中旬至 8 月上旬及时防治三叶草夜蛾、甘蓝夜蛾。在棉花产区种植甜菜应及时防治红蜘蛛。

适宜种植区域及季节：适宜在新疆、甘肃、内蒙古、黑龙江种植；适宜 3 月上旬至 5 月上旬种植。

品种名称：SD21816

登记编号：GPD 甜菜（2018）110033

作物种类：甜菜

申　请　者：德国斯特儒博有限公司北京代表处

品种来源：SD815MS × SD4004P

特征特性：标准型、高糖型。出苗快，整齐度好，易保苗，株高中等，生长势强，叶丛半直立，叶片深绿色，叶缘中波，叶片舌形；块根纺锤形，根冠小，根沟浅，根体光滑，根肉白色；在地力好、水肥充足条件下，增产潜力大。

栽培技术要点：应根据各地降雨量、气温变化、土壤温度及土壤墒情适时早播，争取一次播种保全苗。适宜密植，每亩保苗数 5600 株以上。适宜在中性或偏碱性土壤上种植，地势以平川或平岗地为宜。应合理轮作，避免重茬、迎茬。施肥应注意氮肥、磷肥、钾肥的合理搭配，有些地区还应注意微肥，特别是硼肥的施用。控制过量施用氮肥，常规情况下 6 月中旬后不再追施氮肥。应根据各地的气温变化情况适时晚收，以提高含糖率。

适宜种植区域及季节：适宜在新疆、甘肃、内蒙古、黑龙江种植；适宜 3 月上旬至 5 月上旬种植。

品种名称：ST21916

登记编号：GPD 甜菜（2018）110034

作物种类：甜菜

申　请　者：德国斯特儒博有限公司北京代表处

品种来源：ST21916MS×ST21916P

特征特性：标准型。叶丛半直立,叶片长舌形,叶片绿色;块根圆锥形,根肉白色,根沟浅,根冠小,根体光滑;性状稳定,产质量水平较高,对土壤肥力及环境条件要求不严,适应性广。

栽培技术要点：应根据各地降雨量、气温变化、土壤温度及土壤墒情适时早播,争取一次播种保全苗。适宜密植,每亩保苗数 6000 株以上。适宜在中性或偏碱性土壤上种植,地势以平川或平岗地为宜。应合理轮作,避免重茬、迎茬。施肥应注意氮肥、磷肥、钾肥的合理搭配,有些地区还应注意微肥,特别是硼肥的施用。控制过量施用氮肥,常规情况下 6 月中旬后不再追施氮肥。应根据各地的气温变化情况适时晚收,以提高含糖率。

适宜种植区域及季节：适宜在甘肃种植;适宜 3 月上旬至 4 月上旬种植。

品种名称: H6X02

登记编号: GPD 甜菜(2018)110035

作物种类: 甜菜

申 请 者: 荷兰安地国际有限公司北京代表处

品种来源: SESm1212×SESf1402

特征特性: 标准型。二倍体遗传单胚型雄性不育杂交品种;发芽势强,出苗快,苗期生长势强,叶片功能期长,叶丛直立,叶片舌形;根冠比例协调,株型紧凑,适合密植;块根圆锥形,根头小,根沟浅,根皮光滑。抗根腐病,耐褐斑病、丛根病。

栽培技术要点: 单粒播种,每亩保苗数 5500 株~6000 株。实行 4 年以上的轮作,秋季深翻地,严禁在重茬地播种,合理轮作是增强抗病性的有效途径。适当控制灌水次数。适量施用氮肥,多施磷肥、钾肥。防治跳甲、象甲等苗期害虫,着重防治第一、二代甘蓝夜蛾。

适宜种植区域及季节:适宜在新疆种植;适宜 3 月上旬至 4 月底种植。

品种名称：SD13829

登记编号：GPD 甜菜（2018）110040

作物种类：甜菜

申 请 者：德国斯特儒博有限公司北京代表处

品种来源：MN31XEo1× DM175

特征特性：标准型。出苗快，整齐度好，易保苗，株高中等，生长势强，叶丛直立，叶柄长，叶片舌形，叶片绿色；块根圆锥形，根肉白色，根沟浅。

栽培技术要点：应根据各地降雨量、气温变化、土壤温度及土壤墒情适时早播，争取一次播种保全苗。适宜密植，种植密度每亩保苗数 6000 株左右。适宜在中性或偏碱性土壤上种植，地势以平川或平岗地为宜。合理轮作，避免重茬、迎茬种植。应注意氮肥、磷肥、钾肥的合理搭配，有些地区还应注意微肥，特别是硼肥的施用。控制过量施用氮肥，常规情况下 6 月中旬后不再追施氮肥。全生育期及时除草，苗期重点防治虫害，中后期重点防治叶部病、虫害，及时防治褐斑病。根据各地的气温变化情况适时晚收，以提高含糖率。

适宜种植区域及季节：适宜在新疆、内蒙古、黑龙江和甘肃种植；适宜 3 月上旬至 5 月上旬种植。

品种名称：ST13929

登记编号：GPD 甜菜（2018）110041

作物种类：甜菜

申　请　者：德国斯特儒博有限公司北京代表处

品种来源：D13 * D06× N03 * 059

特征特性：标准型。单胚品种；幼苗期胚轴颜色为绿色，叶片舌形，叶片深绿色，叶丛直立，株高 45 厘米~50 厘米，叶柄宽度适中，长度适中，叶片数 24 片~28 片；块根圆锥形，根头较小，根沟浅，根皮白色，根肉白色。

栽培技术要点：适时提早播种，选择中等肥力地块种植，采用合理密植栽培方式，每公顷保苗数 8.5 万株~9 万株。播种深度镇压后覆土厚度要控制在 1.5 厘米~3 厘米之间。根据土壤肥力状况，氮肥、磷肥、钾肥合理搭配，每亩施氮肥 10 千克（以纯氮计）、磷肥 8 千克、钾肥 15 千克、硼肥 100 克（以上为参考量）。适于密植，适于机播机收，避免重茬、迎茬种植，掌握种植密度。常规情况下 6 月下旬以后不再追施氮肥。全生育期应及时除草，苗期重点防治虫害，中后期重点防治叶部病、虫害，及时防治褐斑病。应适时晚收，以提高含糖率。适时浇水，但不能大水漫灌。

适宜种植区域及季节：适宜在黑龙江、吉林、内蒙古、甘肃和新疆种植；适宜 3 月上旬至 5 月上旬种植。

品种名称：ST21115

登记编号：GPD 甜菜（2018）110042

作物种类：甜菜

申请者：德国斯特儒博有限公司北京代表处

品种来源：14.3.7MM×V22.07

特征特性：标准型。幼苗期胚轴颜色为绿色，繁茂期叶片舌形，叶片绿色，叶丛直立，株高45厘米~50厘米，叶柄较细，叶片数24片~28片；块根圆锥形，根头较小，根沟浅，根皮白色，根肉白色。

栽培技术要点：适时提早播种，选择中等肥力地块种植，采用合理密植栽培方式，每公顷保苗数8.5万株~9万株。播种深度镇压后覆土厚度要控制在1.5厘米~3厘米之间。根据土壤肥力状况，氮肥、磷肥、钾肥合理搭配，每亩施氮肥10千克（以纯氮计）、磷肥8千克、钾肥15千克、硼肥100克（以上为参考量）。适于密植，适于机播机收，避免重茬、迎茬种植，掌握种植密度。常规情况下6月下旬以后不再追施氮肥。全生育期应及时除草，苗期重点防治虫害，中后期重点防治叶部病、虫害，及时防治褐斑病。应适时晚收，以提高含糖率。适时浇水，但不能大水漫灌。

适宜种植区域及季节：适宜在内蒙古、黑龙江和甘肃等地区种植；适宜4月上旬至5月上旬种植。

品种名称：COFCO1001

登记编号：GPD 甜菜（2018）110003

作物种类：甜菜

申 请 者：荷兰安地国际有限公司北京代表处

品种来源：KUHN MS2611×KUHN POL4901

特征特性：标准型。二倍体遗传单胚型雄性不育杂交种；块根产量较高，含糖较高，属标准型品种，该品种苗期生长势强，叶丛半直立；块根楔形，根头小，根沟浅，根皮光滑。

栽培技术要点：适宜密植，每亩保苗数 6500 株~8000 株。选择在地势平坦、土地疏松、地力肥沃、耕层较深的地上种植。合理轮作，避免重茬和迎茬。依据具体条件，生育期每亩总氮不超过 15 千克、五氧化二磷 10 千克、氧化钾 6 千克。多施磷肥、钾肥。适当控制灌水次数，避免大水漫灌。整个生育期应及时除草，做好苗期虫害防治以及中后期的叶部病害防治。

适宜种植区域及季节：适宜在新疆种植；适宜 3 月下旬至 5 月上旬种植。

品种名称: ADV0401

登记编号: GPD 甜菜(2018)110009

作物种类: 甜菜

申 请 者: 荷兰安地国际有限公司北京代表处

品种来源: SVDH MS2533× SVDH POL4888

特征特性: 标准型。发芽势强,苗期生长旺盛,出苗快而整齐,叶丛直立,生长中期叶丛繁茂,叶片舌形,中等大小,叶柄较短,叶片绿色,叶片功能期长;块根圆锥形,根皮及根肉均呈白色,青头较小,根沟浅。

栽培技术要点: 单粒播种,每亩保苗数 5500 株~6000 株。严禁重茬种植,实行 4 年以上的轮作,秋季深翻地。适量施用氮肥,多施磷肥、钾肥。适当控制灌水次数。防跳甲、象甲等苗期害虫,着重防治甘蓝叶蛾。

适宜种植区域及季节:适宜在新疆种植;适宜 3 月下旬至 5 月上旬种植。

品种名称：ADV0412

登记编号：GPD 甜菜（2018）110010

作物种类：甜菜

申 请 者：荷兰安地国际有限公司北京代表处

品种来源：SESVmr-14× SESVfl-312

特征特性：标准型。多胚；发芽势强，苗期生长旺盛，出苗快而整齐，叶丛半直立，生长中期叶丛繁茂，叶片舌形，中等大小，叶柄较短，叶片绿色，叶片功能期长；块根圆锥形、根皮及根肉均呈白色，青头小，根沟浅，块根中钾、钠、氨态氮含量低。

栽培技术要点：单粒播种，每亩保苗数 5500 株~6000 株。严禁重茬种植，实行 4 年以上的轮作，秋季深翻地。适量施用氮肥，多施磷肥、钾肥。适当控制灌水次数。防跳甲、象甲等苗期害虫，着重防治甘蓝叶蛾。

适宜种植区域及季节：适宜在新疆种植；适宜 3 月下旬至 5 月上旬种植。

品种名称:阿西罗

登记编号:GPD 甜菜(2018)230020

作物种类:甜菜

申　请　者:黑龙江北方种业有限公司

品种来源:KUHN MS 597×KUHN POL 916

特征特性:丰产型。三倍体单粒杂交种;胚轴颜色为红、绿混合,种子发芽势强,子叶肥大,叶片心形,叶片深绿色,多皱褶,一年生株高 60 厘米左右,半直立株形;块根圆锥形,根沟浅,根毛少,根皮白色,表面光滑;含糖率 16.07%~16.64%。耐褐斑病、根腐病。加工品质好,糖汁纯度高,有害氮及灰分含量低,蔗糖回收率高。

栽培技术要点:机械化直播以每公顷保苗数 8 万株为宜。该品种可在适应区机械或人工播种,选择中等以上肥力地块种植,采用密植栽培方式,每公顷保苗数 7 万株~7.5万株。以农家肥与化肥配合使用为好,一般每公顷施农家肥 5 吨(底肥以磷肥为主)、磷酸二铵 250 千克,每亩纯氮应控制在 150 千克,推荐 N∶P∶K 比例为 1∶1∶0.5,追施氮肥时间不能晚于 8 片真叶期。适时进行田间管理,确保土壤通气、透水,合理施用微肥,防除田间杂草。在叶丛期及块根膨大期干旱条件下应及时喷灌。防治苗期立枯病和跳甲、象甲等苗期害虫,中后期着重防治甘蓝夜蛾和草地螟。适时防治褐斑病,确保高产、高糖。合理密植,更好发挥产质量潜力。

适宜种植区域及季节:适宜在黑龙江(宁安、嫩江、友谊)、内蒙古、辽宁种植;适宜 4月下旬至 5 月上旬种植。

品种名称：甜研 311

登记编号：GPD 甜菜（2021）230001

作物种类：甜菜

申 请 者：黑龙江大学

品种来源：TP-3×（DP08 DP02 DP03 DP04）

特征特性：标准型。多胚；苗期长势强，发芽势中，繁茂期叶片舌形，叶丛半直立，株高 50 厘米，叶柄中，叶片绿色；块根圆锥形，根沟浅，根皮白色，根肉白色。抗褐斑病，耐根腐病、丛根病、立枯病。

栽培技术要点：选择中等肥力地块种植，采用垄作栽培方式，每亩保苗数 4000 株 ~ 4500 株。施磷酸二铵 15 千克作种肥，追施尿素 10 千克。不宜在较重的丛根病发病区及低洼排水不畅的地块种植。及时间苗、定苗、铲蹚、防虫，10 月 1 日以后可根据情况适时收获。

适宜种植区域及季节：适宜在黑龙江（哈尔滨、齐齐哈尔、牡丹江、大庆）种植；适宜 4 月上旬至 5 月初种植。

品种名称:HDTY04

登记编号:GPD 甜菜(2021)230002

作物种类:甜菜

申 请 者:黑龙江大学

品种来源:MDms4-3×DP30

特征特性:标准型。单胚品种;苗期长势强,发芽势强,繁茂期叶片舌形,叶丛半直立,株高 55 厘米,叶柄中,叶片绿色;块根楔形,根沟浅,根皮白色,根肉白色。抗根腐病、褐斑病,耐丛根病、立枯病。

栽培技术要点:精细整地,适当深耕,施足基肥,要有机肥和化肥配合施入。一般每亩施基肥(厩肥)2500 千克、尿素 10 千克、磷酸二铵 15 千克;或者磷酸二铵作种肥,每亩用量 15 千克,3 对~4 对真叶时追施尿素 10 千克。采用纸筒育苗或机械化精量点播垄作栽培方式,适时早播、因地制宜,合理密植,每亩保苗数 4600 株~5200 株;要及时中耕、除草、追肥、防虫,根据情况适时收获。该品种需要合理轮作。幼苗期预防立枯病、象甲和跳甲。繁茂期预防菜青虫和甘蓝夜蛾;不宜在排水不畅的低洼地块或丛根病发病区域种植。

适宜种植区域及季节:适宜在黑龙江种植;适宜 4 月上旬至 5 月初种植。

品种名称：LS1213

登记编号：GPD 甜菜（2021）150004

作物种类：甜菜

申 请 者：内蒙古圣瑞农业科技有限公司

品种来源：1FM1790×RM9923

特征特性：丰产型。单粒种；幼苗生长旺盛，叶柄长，叶片舌形，叶片绿色，植株叶丛直立、紧凑，功能叶片寿命长，性状稳定，利于通风透光，适宜密植；前期块根增长快，产量突出，产糖量高；对土壤肥力及环境条件要求不严，生长期约为 180 天，适应性广；根头小，根沟浅，根肉白色。耐根腐病、褐斑病、丛根病。

栽培技术要点：该品种适用于纸筒育苗或机械化精量直播的栽培方式种植，选择中上等土壤肥力地块，每公顷保苗数 7 万株~9 万株。以秋施肥起垄为主，每公顷施肥量为 500 千克~600 千克，每亩纯氮应控制在 8 千克，N：P_2O_5：K_2O 比例为 1.2：1：0.4，追施氮肥时间不能晚于 8 片真叶期。实行三铲三趟（机械中耕），确保土壤通气、透水，预防苗期立枯病以及跳甲等害虫，中后期着重防治甘蓝夜蛾和草地螟，适时防治褐斑病。生长前期如雨水过多或田内湿度过大易发生褐斑病。7 月下旬后如遇高温干旱，田间易发生白粉病，重茬、迎茬、洼地易发生根腐病，需高度注意土地轮作。根据气温变化适时晚收，以便提高含糖率。

适宜种植区域及季节：适宜在黑龙江（哈尔滨、齐齐哈尔、佳木斯、黑河）、内蒙古、新疆、甘肃种植；适宜 4 月上旬至 5 月初种植。

品种名称：KWS9183

登记编号：GPD 甜菜（2022）110001

作物种类：甜菜

申　请　者：北京科沃施农业技术有限公司

品种来源：KWSMS9775×KWSP8224

特征特性：饲用型。杂交种；发芽势强，出苗快且整齐，早期发育快，苗期生长健壮，一年生植株叶丛直立，植株自然高度55厘米~75厘米，叶片数40片~60片，叶片犁铧形，叶片深绿色，叶面皱褶很多，叶缘波褶深，叶丛紧凑；块根圆锥形，根皮浅白色，根沟浅，根头小；块根表皮光滑，携土率低，容易清洗，牲畜食用后不会生病或引起肠胃不适。抗褐斑病、丛根病、白粉病，耐根腐病。

栽培技术要点：最好实行4年以上的轮作，土壤持水性要好、排涝性强。秋季对耕地进行深耕、深松，苗期适时深中耕。一般每亩播量500克，亩保苗数5500株~6500株，每亩收获株数不低于5000株。重施基肥，少追肥。一般每亩土壤施尿素20千克~30千克、磷肥10千克~15千克、钾肥5千克~8千克，以肥料总量的60%~70%作为基肥。追肥应在6月初以前结束，控制灌水，若氮肥追施过晚、过多或大水大肥，易造成后期叶丛徒长，对含糖率有很大的影响。全生育期要控制杂草与害虫，中后期应适时喷药防治褐斑病，确保高产、高糖。

适宜种植区域及季节：适宜在新疆、甘肃、宁夏、山西、山东、河北、内蒙古、吉林、黑龙江种植；适宜3月上旬至5月上旬种植。

品种名称：KWS9962

登记编号：GPD 甜菜（2022）110002

作物种类：甜菜

申 请 者：北京科沃施农业技术有限公司

品种来源：7BJ0724×7BT4980

特征特性：标准型。单胚品种；苗期长势中等，发芽势中等，繁茂期叶片舌形，叶丛半直立，株高 70 厘米，叶柄长，叶片深绿色；块根圆锥形，根沟深，根皮白色，根肉白色。耐根腐病、褐斑病，抗丛根病。

栽培技术要点：实行 4 年以上的轮作，土壤持水性要好、排涝性强。秋季对耕地进行深耕、深松，如果春整地则不宜深耕、深松。播种密度为每亩 8000 粒~9000 粒，每亩保苗数 5500 株~6500 株。重施基肥，少追肥。一般土壤每亩施尿素 20 千克~30 千克、磷肥 10 千克~15 千克、钾肥 5 千克~8 千克，以肥料总量的 60%~70% 作为基肥。严禁在重茬地种植。合理轮作是增强抗病性的有效途径。多施磷肥、钾肥。适当控制灌水次数，避免大水多灌。追肥应在 6 月初以前结束，控制灌水，若氮肥追施过晚、过多或大水大肥，易造成后期叶丛徒长，对含糖率有很大的影响。全生育期要控制杂草与害虫，中后期应适时喷药防治褐斑病，确保高产、高糖。

适宜种植区域及季节：适宜在新疆、甘肃、山西、山东、河北、宁夏、内蒙古、吉林和黑龙江种植；适宜 3 月上旬至 5 月上旬种植。

品种名称：KWS9899

登记编号：GPD 甜菜（2022）110003

作物种类：甜菜

申 请 者：北京科沃施农业技术有限公司

品种来源：7BC0339×2BT0619

特征特性：高糖型。单胚品种；苗期长势中等，发芽势中等，繁茂期叶片窄卵形，叶丛半直立，株高 70 厘米，叶柄长，叶片浅绿色；块根圆锥形，根沟浅，根皮白色，根肉白色。耐根腐病、褐斑病，抗丛根病。

栽培技术要点：实行 4 年以上的轮作，土壤持水性要好、排涝性强。秋季对耕地进行深耕、深松，如果春整地则不宜深耕、深松。播种密度为每亩 8000 粒~9000 粒，每亩保苗数 5500 株~6500 株。重施基肥，少追肥。一般土壤每亩施尿素 20 千克~30 千克、磷肥 10 千克~15 千克、钾肥 5 千克~8 千克，以肥料总量的 60%~70% 作为基肥。严禁在重茬地种植。合理轮作是增强抗病性的有效途径。多施磷肥、钾肥。适当控制灌水次数，避免大水多灌。追肥应在 6 月初以前结束，控制灌水，若氮肥追施过晚、过多或大水大肥，易造成后期叶丛徒长，对含糖率有很大的影响。全生育期要控制杂草与害虫，中后期应适时喷药防治褐斑病，确保高产、高糖。

适宜种植区域及季节：适宜在新疆、甘肃、山西、山东、河北、宁夏、内蒙古、吉林和黑龙江种植；适宜 3 月上旬至 5 月上旬种植。

品种名称：KWS9898

登记编号：GPD 甜菜（2022）110004

作物种类：甜菜

申 请 者：北京科沃施农业技术有限公司

品种来源：5JF1762×6RV5605

特征特性：标准型。单胚品种；苗期长势强，发芽势强，繁茂期叶片心形，叶丛半直立，株高70厘米，叶柄中等，叶片深绿色；块根楔形，根沟深，根皮白色，根肉白色。耐根腐病、褐斑病，抗丛根病。

栽培技术要点：实行4年以上的轮作，土壤持水性要好、排涝性强。秋季对耕地进行深耕、深松，如果春整地则不宜深耕、深松。播种密度为每亩8000粒~9000粒，每亩保苗数5500株~6500株。重施基肥，少追肥。一般土壤每亩施尿素20千克~30千克、磷肥10千克~15千克、钾肥5千克~8千克，以肥料总量的60%~70%作为基肥。严禁在重茬地种植。合理轮作是增强抗病性的有效途径。多施磷肥、钾肥。适当控制灌水次数，避免大水多灌。追肥应在6月初以前结束，控制灌水，若氮肥追施过晚、过多或大水大肥，易造成后期叶丛徒长，对含糖率有很大的影响。全生育期要控制杂草与害虫，中后期应适时喷药防治褐斑病，确保高产、高糖。

适宜种植区域及季节：适宜在新疆、甘肃、山西、山东、河北、宁夏、内蒙古、吉林和黑龙江种植；适宜3月上旬至5月上旬种植。

品种名称：KWS8844

登记编号：GPD 甜菜（2022）110005

作物种类：甜菜

申 请 者：北京科沃施农业技术有限公司

品种来源：6JF1777×6SM9011

特征特性：标准型。单胚品种；苗期长势中等，发芽势中等，繁茂期叶片窄卵形，叶丛半直立，株高 65 厘米，叶柄长，叶片中绿色；块根圆锥形，根沟中等，根皮白色，根肉白色。耐根腐病、褐斑病，抗丛根病。

栽培技术要点：实行 4 年以上的轮作，土壤持水性要好、排涝性强。秋季对耕地进行深耕、深松，如果春整地则不宜深耕、深松。播种密度为每亩 8000 粒～9000 粒，每亩保苗数 5500 株～6500 株。重施基肥，少追肥。一般土壤每亩施尿素 20 千克～30 千克、磷肥 10 千克～15 千克、钾肥 5 千克～8 千克，以肥料总量的 60%～70% 作为基肥。严禁在重茬地种植。合理轮作是增强抗病性的有效途径。多施磷肥、钾肥。适当控制灌水次数，避免大水多灌。追肥应在 6 月初以前结束，控制灌水，若氮肥追施过晚、过多或大水大肥，易造成后期叶丛徒长，对含糖率有很大的影响。全生育期要控制杂草与害虫，中后期应适时喷药防治褐斑病，确保高产、高糖。

适宜种植区域及季节：适宜在新疆、甘肃、山西、山东、河北、宁夏、内蒙古、吉林和黑龙江种植；适宜 3 月上旬至 5 月上旬种植。

品种名称：HGD01

登记编号：GPD 甜菜（2022）230006

作物种类：甜菜

申　请　者：黑龙江大学

品种来源：DYL01×CL6

特征特性：标准型。单胚品种；苗期长势强，发芽势强，繁茂期叶片心形，叶丛半直立，株高 76.69 厘米，叶柄中等，叶片中绿色；块根楔形，根沟浅，根皮白黄色，根肉白黄色。耐褐斑病、丛根病，抗根腐病。

栽培技术要点：适宜在黑钙土及苏打草甸土地区种植。在生产中应制定合理的轮作制度，确保轮作年限，避免重茬和迎茬。秋季深翻、深松，并结合整地增施有机肥、磷酸氢二铵等，使土壤疏松、土质肥沃。控制氮肥过量施用，多施磷肥、钾肥，杜绝大水大肥。各地应因地制宜，适期早播，确保苗全、苗齐、苗壮。东北甜菜生产区育苗移栽以每亩保苗数 5500 株为宜，机械化直播以每亩保苗数 6000 株为宜。及时进行田间管理及病虫害防治，避免除草剂的残留药害。生育期内严禁掰叶。

适宜种植区域及季节：适宜在黑龙江、内蒙古（阿荣旗）种植；适宜 4 月上旬至 5 月上旬种植。

品种名称:黑甜单805

登记编号:GPD 甜菜(2022)230007

作物种类:甜菜

申 请 者:黑龙江大学

品种来源:HDL02×2N_03209

特征特性:标准型。单胚种;苗期长势强,发芽势强,繁茂期叶片心形,叶丛半直立,株高56.12厘米,叶柄短,叶片中绿色;块根纺锤形,根沟无或极浅,根皮白黄色,根肉白黄色。耐根腐病、褐斑病、丛根病。

栽培技术要点:适宜在黑钙土及苏打草甸土地区种植。在生产中应制定合理的轮作制度,确保轮作年限,避免重茬和迎茬。秋季深翻、深松,并结合整地增施有机肥、磷酸氢二铵等,使土壤疏松、土质肥沃。控制氮肥过量施用,多施磷肥、钾肥,杜绝大水大肥。各地应因地制宜,适期早播,确保苗全、苗齐、苗壮。东北甜菜生产区育苗移栽以每亩保苗数5500株为宜,机械化直播以每亩保苗数6000株为宜。及时进行田间管理及病虫害防治,避免除草剂的残留药害。生育期内严禁掰叶。

适宜种植区域及季节:适宜在黑龙江、内蒙古(阿荣旗)种植;适宜4月上旬至5月上旬种植。

品种名称：黑单甜 701

登记编号：GPD 甜菜（2022）230008

作物种类：甜菜

申 请 者：黑龙江大学

品种来源：EH91CMS×2N_03209

特征特性：标准型。单胚种;苗期长势强,发芽势强,繁茂期叶片心形,叶丛半直立,株高 56.56 厘米,叶柄短,叶片中绿色;块根纺锤形,根沟无或极浅,根皮白黄色,根肉白黄色。耐根腐病、褐斑病、丛根病。

栽培技术要点：适宜在黑钙土及苏打草甸土地区种植。在生产中应制定合理的轮作制度,确保轮作年限,避免重茬和迎茬。秋季深翻、深松,并结合整地增施有机肥、磷酸氢二铵等,使土壤疏松、土质肥沃。控制氮肥过量施用,多施磷肥、钾肥,杜绝大水大肥。各地应因地制宜,适期早播,确保苗全、苗齐、苗壮。东北甜菜生产区育苗移栽以每亩保苗数 5500 株为宜,机械化直播以每亩保苗数 6000 株为宜。及时进行田间管理及病虫害防治,避免除草剂的残留药害。生育期内严禁掰叶。

适宜种植区域及季节：适宜在黑龙江、内蒙古（阿荣旗）种植;适宜 4 月上旬至 5 月上旬种植。

品种名称：黑单甜 801

登记编号：GPD 甜菜（2022）230009

作物种类：甜菜

申 请 者：黑龙江大学

品种来源：HDL01×2N_03209

特征特性：标准型。单胚种；苗期长势强，发芽势强，繁茂期叶片心形，叶丛半直立，株高 74.84 厘米，叶柄短，叶片中绿色；块根楔形，根沟无或极浅，根皮白黄色，根肉白黄色。耐根腐病、褐斑病、丛根病。

栽培技术要点：适宜在黑钙土及苏打草甸土地区种植。在生产中应制定合理的轮作制度，确保轮作年限，避免重茬和迎茬。秋季深翻、深松，并结合整地增施有机肥、磷酸氢二铵等，使土壤疏松、土质肥沃。控制氮肥过量施用，多施磷肥、钾肥，杜绝大水大肥。各地应因地制宜，适期早播，确保苗全、苗齐、苗壮。东北甜菜生产区育苗移栽以每亩保苗数 5500 株为宜，机械化直播以每亩保苗数 6000 株为宜。及时进行田间管理及病虫害防治，避免除草剂的残留药害。生育期内严禁掰叶。

适宜种植区域及季节：适宜在黑龙江、内蒙古（阿荣旗）种植；适宜 4 月上旬至 5 月上旬种植。

品种名称:ST13789

登记编号:GPD 甜菜(2022)110010

作物种类:甜菜

申 请 者:德国斯特儒博迪思有限公司北京代表处

品种来源:(BC22.5×E9.8)×(N29.2.33.1)

特征特性:丰产型。单胚种;苗期长势强,发芽势强,繁茂期叶片心形,叶丛直立,株高 61.70 厘米,叶柄中等,叶片中绿色;块根纺锤形,根沟中,根皮白色,根肉白色。感根腐病、丛根病,耐褐斑病,无其他病害。

栽培技术要点:适应区适时提早播种,选择中等肥力地块种植,采用合理密植栽培方式,每公顷保苗数 8.5 万株~9.0 万株。根据土壤肥力状况,氮肥、磷肥、钾肥合理搭配。每亩施氮肥 10 千克(以纯氮计)、磷肥 8 千克、钾肥 15 千克、硼肥 100 克(以上为参考量)。常规情况下 6 月下旬以后不再追施氮肥。避免重茬、迎茬,避开根腐病、丛根病重灾区。全生育期及时除草,苗期重点防治虫害,中后期重点防治叶部病虫害,要及时防治丛根病。应适时晚收以提高含糖率。另外,播种镇压后覆土厚度要控制在 1.5 厘米~3.0 厘米。适时浇水但不能大水漫灌。

适宜种植区域及季节:适宜在新疆、甘肃、内蒙古、黑龙江、河北播种;适宜 3 月上旬至 5 月上旬种植。

品种名称：ST13778

登记编号：GPD 甜菜（2022）110011

作物种类：甜菜

申 请 者：德国斯特儒博迪思有限公司北京代表处

品种来源：（BC112^1.1×E19.2)×(D11^3.2.12)

特征特性：丰产型。单胚杂交种；苗期长势强，发芽势强，繁茂期叶片舌形，叶丛半直立，株高54.38厘米，叶柄短，叶片中绿色；块根圆锥形，根沟无或极浅，根皮白色，根肉白色。高感丛根病，感根腐病，耐褐斑病。

栽培技术要点：适应区适时提早播种，选择中等肥力地块种植，采用合理密植栽培方式，每公顷保苗数8.5万株~9.0万株。根据土壤肥力状况，氮肥、磷肥、钾肥合理搭配。每亩施氮肥10千克（以纯氮计）、磷肥8千克、钾肥15千克、硼肥100克（以上为参考量）。常规情况下6月下旬以后不再追施氮肥。避免重茬、迎茬，避开根腐病、丛根病重灾区。全生育期及时除草，苗期重点防治虫害，中后期重点防治叶部病虫害，要及时防治丛根病。应适时晚收以提高含糖率。另外，播种镇压后覆土厚度要控制在1.5厘米~3.0厘米。适时浇水但不能大水漫灌。

适宜种植区域及季节：适宜在新疆、甘肃、内蒙古、黑龙江、河北播种；适宜3月上旬至5月上旬种植。

品种名称：ST12583

登记编号：GPD 甜菜（2022）110012

作物种类：甜菜

申 请 者：德国斯特儒博迪思有限公司北京代表处

品种来源：（FR11.2×F41.9）×（Z11.333×F22^5.3）

特征特性：丰产型。单胚杂交种；苗期长势强，发芽势强，繁茂期叶片舌形，叶丛半直立，株高55.50厘米，叶柄短，叶片中绿色；块根圆锥形，根沟浅，根皮白色，根肉白色。高感丛根病，感褐斑病，耐根腐病。

栽培技术要点：适应区适时提早播种，选择中等肥力地块种植，采用合理密植栽培方式，每公顷保苗数8.5万株~9.0万株。根据土壤肥力状况，氮肥、磷肥、钾肥合理搭配。每亩施氮肥10千克（以纯氮计）、磷肥8千克、钾肥15千克、硼肥100克（以上为参考量）。常规情况下6月下旬以后不再追施氮肥。避免重茬、迎茬，避开根腐病、丛根病重灾区。全生育期及时除草，苗期重点防治虫害，中后期重点防治叶部病虫害，要及时防治丛根病。应适时晚收以提高含糖率。另外，播种镇压后覆土厚度要控制在1.5厘米~3.0厘米。适时浇水但不能大水漫灌。

适宜种植区域及季节：适宜在内蒙古种植；适宜4月上旬至5月上旬种植。

品种名称:ST12614

登记编号:GPD 甜菜(2022)110013

作物种类:甜菜

申 请 者:德国斯特儒博迪思有限公司北京代表处

品种来源:(DN6.1.2×F63.1)×(B72^22.1×N22.2.2)

特征特性:丰产型。单胚杂交种;苗期长势强,发芽势强,繁茂期叶片心形,叶丛平展,株高61.00厘米,叶柄中等,叶片中绿色;块根圆锥形,根沟中,根皮白色,根肉白色。高感丛根病,感根腐病、褐斑病。

栽培技术要点:适应区适时提早播种,选择中等肥力地块种植,采用合理密植栽培方式,每公顷保苗数8.5万株~9.0万株。根据土壤肥力状况,氮肥、磷肥、钾肥合理搭配。每亩施氮肥10千克(以纯氮计)、磷肥8千克、钾肥15千克、硼肥100克(以上为参考量)。常规情况下6月下旬以后不再追施氮肥。避免重茬、迎茬,避开根腐病、丛根病重灾区。全生育期及时除草,苗期重点防治虫害,中后期重点防治叶部病虫害,要及时防治丛根病。应适时晚收以提高含糖率。另外,播种镇压后覆土厚度要控制在1.5厘米~3.0厘米。适时浇水但不能大水漫灌。

适宜种植区域及季节:适宜在内蒙古种植;适宜4月上旬至5月上旬种植。

品种名称：ST14650

登记编号：GPD 甜菜（2022）110014

作物种类：甜菜

申 请 者：德国斯特儒博迪思有限公司北京代表处

品种来源：（C22.7^21×RH33.7.1)×(DR11^3.2.2.2)

特征特性：丰产型。单胚杂交种；苗期长势强，发芽势强，繁茂期叶片舌形，叶丛半直立，株高 54.50 厘米，叶柄中等，叶片中绿色；块根圆锥形，根沟浅，根皮白色，根肉白色。高感丛根病，耐根腐病、褐斑病。

栽培技术要点：适应区适时提早播种，选择中等肥力地块种植，采用合理密植栽培方式，每公顷保苗数 8.5 万株~9.0 万株。根据土壤肥力状况，氮肥、磷肥、钾肥合理搭配。每亩施氮肥 10 千克（以纯氮计）、磷肥 8 千克、钾肥 15 千克、硼肥 100 克（以上为参考量）。常规情况下 6 月下旬以后不再追施氮肥。避免重茬、迎茬，避开根腐病、丛根病重灾区。全生育期及时除草，苗期重点防治虫害，中后期重点防治叶部病虫害，要及时防治丛根病。应适时晚收以提高含糖率。另外，播种镇压后覆土厚度要控制在 1.5 厘米~3.0 厘米。适时浇水但不能大水漫灌。

适宜种植区域及季节：适宜在内蒙古种植；适宜 4 月上旬至 5 月上旬种植。

品种名称：XJT9916

登记编号：GPD 甜菜（2023）650001

作物种类：甜菜

申　请　者：新疆农业科学院经济作物研究所

品种来源：JTD17A×H99-1-2

特征特性：标准型。单胚；苗期长势中等，发芽势强，繁茂期叶片舌形，叶丛直立，株高57.50厘米，叶柄短，叶片绿色；块根楔形，根沟浅，根皮白色，根肉白色。耐根腐病、褐斑病、丛根病、白粉病，抗黄化病。

栽培技术要点：适期早播。选择土壤肥沃、地势平坦、4年以上轮作的地块种植。适宜密植，每亩保苗数6000株~6500株。生育期适时灌水，以满足甜菜生长需要，生长后期注意控制浇水，以提高含糖率。5月中旬至8月上旬及时防治三叶草夜蛾、甘蓝夜蛾。

适宜种植区域及季节：适宜在新疆（伊犁、塔城、昌吉、巴州）种植；适宜3月上旬至4月底种植。